高等职业教育数字媒体专业新形态教材

数字影视特效设计项目化教程
（微课版）

主　编　吴丹妮　喻　馨

副主编　赵　曜　李妍钰　左　鹏

中国水利水电出版社
www.waterpub.com.cn
·北京·

内 容 提 要

本书的内容方向是数字影视特效制作，采用项目化的编排方式，以真实典型的应用项目为案例，将制作过程进行分步讲解和分析说明，图文并茂地介绍了影视后期特效合成软件After Effects 的应用领域、常用功能、操作流程、制作技巧和实操中的注意事项。全书由产品介绍视频、网络广告视频、电影综合特效、主题宣传片和电视栏目包装 5 个项目组成，深入浅出地讲解了每个项目的实施步骤，使读者对数字影视特效制作的基础知识、关键帧动画、颜色校正、视频抠像、插件使用、文字特效、粒子特效、发光特效等有了深入的了解，提高了实际操作能力、创意能力和综合应用能力，进而将所学知识与技能灵活应用到不同类别项目实践中。

本书提供部分教学视频，读者可以扫描书中二维码进行观看。本书可作为高等职业院校数字媒体艺术、影视动画、电视节目制作等相关专业的教材，也可作为数字影视特效制作工作者及爱好者的参考资料。

本书配有电子课件，读者可以从中国水利水电出版社网站（www.waterpub.com.cn）或万水书苑网站（www.wsbookshow.com）免费下载。

图书在版编目（CIP）数据

数字影视特效设计项目化教程：微课版 / 吴丹妮，喻馨主编. -- 北京：中国水利水电出版社，2021.9
高等职业教育数字媒体专业新形态教材
ISBN 978-7-5170-9937-6

Ⅰ. ①数… Ⅱ. ①吴… ②喻… Ⅲ. ①图像处理软件
－高等职业教育－教材 Ⅳ. ①TP391.413

中国版本图书馆CIP数据核字(2021)第183876号

策划编辑：周益丹 责任编辑：高 辉 加工编辑：刘 瑜 封面设计：李 佳

书　　名	高等职业教育数字媒体专业新形态教材 数字影视特效设计项目化教程（微课版） SHUZI YINGSHI TEXIAO SHEJI XIANGMUHUA JIAOCHENG (WEIKE BAN)
作　　者	主　编 吴丹妮 喻 馨 副主编 赵 曜 李妍钰 左 鹏
出版发行	中国水利水电出版社 （北京市海淀区玉渊潭南路 1 号 D 座 100038） 网址：www.waterpub.com.cn E-mail：mchannel@263.net（万水） 　　　　 sales@waterpub.com.cn 电话：（010）68367658（营销中心）、82562819（万水）
经　　售	全国各地新华书店和相关出版物销售网点
排　　版	北京万水电子信息有限公司
印　　刷	天津联城印刷有限公司
规　　格	184mm×260mm　16 开本　19.5 印张　450 千字
版　　次	2021 年 9 月第 1 版　2021 年 9 月第 1 次印刷
印　　数	0001—2000 册
定　　价	89.00 元

凡购买我社图书，如有缺页、倒页、脱页的，本社营销中心负责调换

全国传媒职业技术教育联盟教材编委会

序

教材是教育教学的关键要素、立德树人的基本载体。在全国教材工作会议暨首届全国教材建设奖表彰会召开之后,全国传媒职业技术教育联盟首批系列教材正式出版,即将在联盟内外职业院校应用。这批教材落实了职教思政建设的要求,蕴涵着行业产业前沿的技术技能,凝聚了编撰工作人员的心血,承载着传媒职教学生的希望,是联盟成立以来的标志性成果之一,必将在推动传媒职业技术教育"三教"改革、"三全育人"综合试点、"大国工匠"培养等方面起到积极作用,为培育思政品质可靠、专业技能过硬、创意思维活跃的高质量传媒人才提供基础性支撑。

尺寸教材,悠悠国事。新时代,党中央、国务院高度重视教材建设,成立了国家教材委员会,设立了全国教材建设奖,出台了《职业院校教材管理办法》等系列制度文件,全面落实教材建设国家事权。全国传媒职业技术教育联盟成立以来,联盟理事会紧扣国家政策文件,联合行业产业企业,组织联盟院校单位,启动了编写传媒职业技术教育教材的工作。

在教材编写过程中,参与编撰的老师充分依托联盟的平台作用,发挥主观能动性,深入行业产业调研,掌握对应领域技能迭代情况;组织线上线下研讨,结合校情学情搭建章节架构;加强编校沟通协调,有效保障教材开发出版质量,充分体现了联盟"资源共享、优势互补、合作共赢、协同发展"的宗旨,为联盟今后更好、更快、更多地出版系列教材提供了成功经验,为联盟在共定合理化人才培养方案、共育双师型教师队伍等方面开展卓有成效的工作提供了示范借鉴。

翻阅此次出版的《H5融媒体制作项目式教程(微课版)》《新媒体内容创作实务(微课版)》《数字媒体交互设计项目式教程(微课版)》等教材,二维码等数字出版新技术的运用应引起足够重视。新时代,面向智能手机成长起来的新生代学生,作为传媒领域首个全国性职业教育共同体,我们理应在采用新媒体、智媒体技术开发新形态教材方面起到引领示范作用。在保障教材开发全面贯彻落实职教思政建设新要求前提下,围绕使传媒产业新知识、新技术、新工艺、新方法等内容准确、及时、有效进入教材,要主动将新形态教材开发与结构化教学团队建设、模块化课程内容构建衔接起来;要及时总结新型活页式教材、工作手册式教材开发经验;要积极探索增强现实技术、虚拟现实技术等复合数字教材开发模式;要统筹规划新形态教材与教学资源库、在线课程等其他数字教学资源的联动建设,以教材改革为抓手,带动教师改革、教法改革。

当然,联盟也将持续强化教材建设中的平台作用,编制建设规划,分享合作机会,加强指导评价,加大推广应用,为联盟高质量教材建设提供高水平服务。

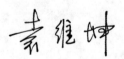

前言

　　随着互联网技术和数字媒体技术的高速发展，数字影视特效在传媒、广告、影视、动画、游戏、建筑、教育等诸多领域得到了越来越广泛的应用，数字影视特效的制作水平也越来越高，不论是在常见的广告中，还是在影视动画中，不断涌现的创意效果一直在持续刷新人们的视觉体验。

　　在众多制作数字影视特效的软件中，Adobe 公司的 After Effects 是一款较为常用且非常优秀的后期特效合成软件，它界面简洁、操作实用、功能强大，内置有数百种预设效果，既能与 Adobe 公司的其他软件完美结合，又可兼容众多第三方特效插件，因此在电视栏目包装、影视特效、广告、动画等领域得到了广泛应用。本书结合 After Effects 操作工具的使用对影视特效涉及的各个领域的典型项目分别进行讲解。

　　本书在内容结构上采用项目化编排方式，通过项目实训实现能力目标、知识目标和素质目标的要求。本书不仅结合了作者对本门课程教学经验的多年积累，还秉承了校企"双元"合作模式。本书作者与企业的一线工作人员共同研讨策划了本书内容，挑选当下运用最为广泛、最具代表性的 5 个不同主题与领域的工作项目，遵从学生的认知规律，深入细致地编排与量化 5 个项目的深度和广度，最终设计出适合学生学习的实训项目。这 5 个项目分别是产品介绍视频——"学习强国"App 介绍、网络广告视频——新冠病毒防疫科普（MG 动画）、电影综合特效——影片中常见的特效制作、主题宣传片——企业宣传片、电视栏目包装——《新闻直播间》栏目包装。本书集基础、特效、广告、影视和电视五大主体，不仅有基础理论知识，还结合图文对项目实施过程进行详解，最后通过项目拓展模块使学生得到及时的锻炼，力争做到本书内容编排的全面性。

　　目前市面上大量影视后期特效方面的教材，虽然倡导以实践案例为主，但实际内容大多是片面地介绍特效软件的各个操作命令，以软件命令来设计教材案例的实施。本书以工作实际为出发点，引入企业的工作项目，坚持"以学生为中心"，结合学生的学情特点，遵循客观的教学规律和认知规律以及工作项目设计的运行规律，进行项目的分解与实施，使实训项目与工作岗位需求相融合、与信息技术发展相融合、与职业教育教学改革相融合，将技能要求"渗透"到各个项目的内容中，使学生在各个项目布局的轨迹中逐渐增强知识迁移能力，形成融知识、技能、课程思政于一体的内容体系。

　　由于编者水平有限，书中难免有疏漏之处，恳请专家和读者批评指正。

编　者

2021 年 8 月

目录

序

前言

项目 **1**

产品介绍视频——"学习强国"App 介绍

项目导读

　　产品介绍视频就是将产品的名称、属性、用途、功能、使用方法、注意事项等内容，通过数字影视后期制作技术，以视频的方式呈现出来，从而达到宣传产品、传播信息、增加流量的目的。在制作产品介绍视频时，需提前做好该项目的准备工作，例如项目策划、基础设定、分镜脚本以及素材收集与整理等。一个优秀的产品介绍视频，不仅需注意视频内容的真实性，还需注意用户在观看视频后，对该产品的功能与操作等内容的了解程度。

　　本书的项目以 After Effects CC 2020 软件作为制作的基础，将产品介绍视频的文字、图片、声音、动画等多种元素进行结合。本项目引用了"学习强国"App，将其作为制作产品介绍视频的项目参考，主要介绍了"学习强国"App 的各个板块内容与使用方式，其中涵盖的任务点有 App 产品的基本介绍、App 产品的展示与特点、App 产品的服务与下载及视频最终的合成与渲染，可较为全面地展示该产品的特点，从而达到制作产品介绍视频的目的。

教学目标

　　★通过本项目的讲解，具备制作某产品介绍视频的能力。

　　★了解 After Effects 特效合成软件，掌握该软件的操作界面与常规工作流程。

　　★掌握 After Effects 软件的 5 大基础动画属性、关键帧、父子关系、蒙版、轨道遮罩的功能特性、使用操作与参数设置方法，并利用这些基础操作完成 App 产品的基本介绍、App 产品的展示与特点、App 产品的服务与下载等任务。

　　★掌握重叠图层、调整图层、放大、表达式，提高"产品介绍视频——'学习强国'App 介绍"项目的设计与制作能力。

　　★掌握切换字符面板的中英文显示、替换图层、制作字幕文字的方法技巧和注意事项，提高设计与制作的效率，规避一些常见问题。

任务 1.1 App 产品的基本介绍

【任务描述】

App 是应用程序（Application）的英文缩写，一般指手机软件。由于 App 信息内容繁多且功能强大，需要对该产品进行详尽且通俗的介绍时，如介绍 App 如何下载以及 App 如何使用与操作等内容，通常都会将其以视频的形式呈现给用户，这样可以帮助用户快速全面地了解产品。现在以"学习强国"App 为例，首先需在产品介绍类视频的开篇对这款产品作一个基本的介绍。我们从产品 Logo 展示和产品基础介绍入手，通过这两个简单的实操演练，既可制作视频的开篇，又可认识 After Effects 这款特效合成软件。

【任务要求】

在"App 产品的基本介绍"任务制作中，主要学习 After Effects 软件，了解软件的界面及常规工作流程；掌握软件的五大基础动画属性、关键帧、父子关系、蒙版、轨道遮罩的功能特性、使用操作及参数设置；通过五大基础动画参数的调节及关键帧的设置，配合父子关系、蒙版与轨道遮罩等的综合运用，制作"App 产品的基本介绍"任务中的产品 Logo 展示和产品基础介绍，提高项目拓展应用与制作能力。

【知识链接】

1. 特效工具——After Effects 软件介绍

After Effects 简称 AE，是由 Adobe 公司开发的一款专业非线性特效合成软件，属于图形视频处理软件。AE 是基于层的 2D 和 3D 后期合成软件，包含了上百种特效及预置动画效果，可与同为 Adobe 公司出品的 Premiere、Photoshop、Illustrator、Media Encoder 等软件无缝结合，同时也可与主流 3D 软件，如 Maya、Cinema 4D、3ds MAX 等有效结合。

经过多年的发展，AE 已经成为当前主流的视频后期合成和动态视觉设计制作的软件之一。在影像合成、动画、视觉效果、非线性编辑、设计动画样稿、多媒体和网页动画方面都有 AE 发挥的余地。它的应用范围广泛，涵盖了电视剧、电影、动画、游戏、广告、网页等众多商业和艺术领域，所以目前 AE 也是影视公司、动画公司、游戏公司、广告公司、电视台、设计公司等单位机构的必备软件。AE 具体可用于影视特效制作、影视后期合成、影视片头片尾制作、栏目节目包装，以及制作 MV、广告、H5 动效、动态 Logo、UI 动效、MG 动画等。

AE 几乎每年都会更新软件版本，但是软件的功能和操作基本上不会有大的改动。需要注意的是，不同版本的 AE 需要匹配相应版本的插件。

2. 软件的工作界面

（1）打开 AE 进入软件的工作界面，如图 1-1-1 所示。用户可以根据自己的使用习惯，通过鼠标拖拽面板名称的方式，自由调整工作界面中各个面板的位置和大小。同时也可以通过单击菜单栏中 Window 中的各个面板选项，自定义显示或隐藏面板。AE 中预设了 15 种工作模式，可一键选择设置，单击菜单栏中 Window → Workspace 中的 15 个工作模式选项，即可按照自己的需求进行设置。

图 1-1-1　软件界面

（2）打开 AE 后，工作界面上默认显示的包括菜单栏（顶端）、工具栏（位于菜单栏下方的各种小图标工具）、Project（项目）面板（位于工作界面左侧）、Composition（合成）面板（位于界面中央）、时间轴面板（位于工作界面下方），以及位于工作界面右侧呈折叠状态仅显示面板名称的其他面板，包括 Info（信息）面板、Audio（音频）面板、Preview（预览）面板、Effects & Presets（效果和预设）面板、Align（对齐）面板、Libraries（库）面板、Character（字符）面板、Paragraph（段落）面板、Tracker（跟踪器）面板、Content-Aware Fill（内容识别填充）"面板。而较为常用的"Effect Controls（特效控制）面板则默认隐藏在 Project 面板名称的右侧，单击其面板名称便可进行切换显示，其他面板也是如此。

（3）常用面板如下所述。

- Project 面板：用于存放和管理各类素材。
- Composition 面板：显示各个层的合成效果，便于随时观察。
- Effect Controls 面板：显示所添加的效果及调节效果的参数。
- 时间轴面板：可对图层进行排列、添加效果、设置关键帧、添加表达式以及编辑曲线等操作。
- Info 面板：显示指针在 Composition 面板中所处位置的颜色信息和位置信息。
- Audio：观察素材的声音状态，对声音进行调节。
- Preview 面板：可对合成的预览进行控制。

- Effects & Presets 面板：快速查找效果，找到后可直接拖拽调用。
- Align 面板：设置素材的对齐方式。
- Character 面板：对文字的字型、字号、大小、比例等进行设置和调节。
- Paragraph 面板：设置文字的对齐方式和缩进方式。

3. 软件的常规操作流程

在 AE 中无论是进行动画制作还是添加特效，其操作方式与其他软件操作方式相似，都需要遵循相同的基本工作流程。我们需要按照常规的工作流程来进行操作，一般顺序为导入和组织素材，在合成中创建、排列和组合图层，修改图层属性和为其制作动画，添加效果并修改效果属性，预览，渲染和导出。

（1）导入和组织素材。创建项目后，在 Project 面板中导入后续制作所需要的图片、音频、视频等各种格式的素材，如果素材数量较多，建议通过创建文件夹的形式对所有的素材进行分类整理，便于使用时查找和调用。

（2）在合成中创建、排列和组合图层。在 AE 中可创建一个或多个合成，任何素材项目都可以是合成中的一个或多个图层的源。可以在 Composition 面板中的空间上排列图层，也可以在时间轴面板上排列图层。图层的类型有很多，包括可以创建的 Text（文本）、Solid（纯色）、Light（灯光）、Camera（摄像机）、Null Object（空对象）、Shape Layer（形状图层）、Adjustment Layer（调整图层）、Content-Aware Fill Layer（内容识别填充图层）等，也可以通过素材导入形成图片图层、音频图层、视频图层等，同时可对这些图层进行各种形式的组合。

（3）修改图层属性和为其制作动画。通过修改图层的属性，如大小、位置等，配合关键帧和表达式，使图层属性任意组合且随着时间的推移而发生变化。

（4）添加效果并修改效果属性。通过添加和组合各种效果属性并进行调节，由此产生不同的效果变化，最终得到想要的画面效果。

（5）预览。通过显示器可对合成进行快速预览，方便对合成效果进行观察。同时可以通过调整预览的分辨率和帧频率，以及选取预览合成的区域和持续时间来更改预览的速度和品质。

（6）渲染和导出。将合成添加到渲染队列中，通过调整渲染设置，可以输出不同格式、不同品质的文件。

4. 软件的 5 大基础动画属性

AE 中各种效果的实现主要通过图层中各种属性的调节来实现，而 Anchor Point（锚点）、Position（位置）、Scale（缩放）、Rotation（旋转）、Opacity（不透明度）则是图层的 5 大基本属性，如图 1-1-2 所示。在时间轴面板中新建一个图层，单击左侧三角箭头展开图层后，再单击 Transform（变换）左侧的三角箭头，便会显示 Anchor Point、Position、Scale、Rotation、Opacity 这 5 个基本属性，同时在每个属性的右侧会有相应的数值，通过对这些数值进行调节，与之相对应的属性便可发生变化。

在图层被选中的情况下，可以通过按快捷键快速地分别显示相对应的属性。Anchor Point、Position、Scale、Rotation、Opacity 的快捷键分别是 A 键、P 键、S 键、R 键、T 键。若想要同时显示多个变换属性，可先按住 Shift 键，再按属性对应的快捷键即可。

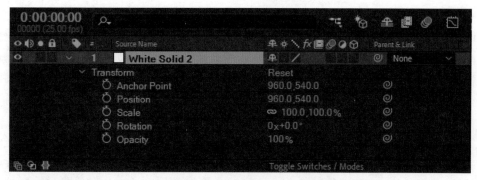

图 1-1-2　软件 5 大基础动画属性

（1）Anchor Point。Anchor Point 是图层的轴心点，图层的位移设置、旋转和缩放都基于锚点进行操作。锚点默认的位置处于图层的中心位置，通过调整其属性界面右侧的参数，可以对锚点的左右和上下移动分别进行控制。

（2）Position。Position 属性用于调整图层在画面中的位置，可以制作图层位移的动画效果。分别调整 Position 属性界面右侧的参数，可使图层进行水平移动或垂直移动。

（3）Scale。Scale 属性用于控制图层的大小。它以图层锚点所在位置为中心对图层进行放大或缩小。Scale 属性界面右侧的两个数值分别控制图层的水平方向和垂直方向的缩放。Scale 属性默认为等比缩放。单击数值左侧的"约束比例"按钮可取消锁定，即可以分别控制图层的水平缩放或垂直缩放。

（4）Rotation。Rotation 属性用于控制图层在画面中的旋转角度，图层以锚点所在位置为中心进行旋转，属性界面右侧的参数分别代表圈数和度数。顺时针旋转时数值增大，反之减小。

（5）Opacity。Opacity 属性用来控制图层不透明的程度。不透明程度随着数值的增大而变强。数值为 0% 时，为完全透明状态；数值为 100% 时，为完全不透明状态。

5. 关键帧的介绍

AE 中的动画主要通过设置关键帧来实现。关键帧可以记录图层中某属性在某个时间点的数据值情况，通过两个关键帧分别记录属性在一段时间首尾数据值的情况，再由计算机进行自动补充添加中间画面，即可形成一段动画。通常制作关键帧动画至少需要设置两个关键帧，如图 1-1-3 所示。

图 1-1-3　设置关键帧动画

在关键帧动画的制作过程中，可对关键帧进行创建、选择、编辑和删除。创建关键帧需要先激活属性左侧的码表。在 AE 中，每个变换属性左侧都有一个码表，单击图层属性左侧的"码表"按钮进行激活后，码表的颜色也会由灰色变为蓝色，在时间轴面板中对该属性的任意调节都会产生一个新的关键帧，同时会产生一个菱形的关键帧图标。调整时间轴上的时间，再次调整属性数值，这样便完成了两个关键帧的制作。如果此时再次单击该属性上的“码表”按钮，则该属性上所有已经设置好的关键帧将会被删除。按住鼠标左键框选要选择的关键帧，或按住 Shift 键连续单击要选择的关键帧，可同时选择多个关键帧。单击时间轴中图层属性的名称，即可对该属性上的所有关键帧进行选取。关键帧可通过快捷键 Ctrl+C、Ctrl+X 及 Ctrl+V 分别进行复制、剪切及粘贴。

插值，是在两个已知数值之间填充未知数据的过程。可以通过设置关键帧，以指定特定关键时间的属性值。AE 可为关键帧之间所有时间的属性进行插值。由于插值在关键帧之间生成属性值，因此插值有时也称为补间。关键帧之间的插值可以用于对运动、效果、音频电平、图像调整、透明度、颜色变化以及许多其他视觉元素和音频元素添加动画。在时间轴面板中右击关键帧，执行 Keyframe Interpolation（关键帧插值）命令，在弹出的“关键帧插值”对话框中可以进行插值的设置。

6. 父子关系

父子关系就是通过给两个物体赋予父子关系后，使子级物体能够跟随父级物体一起运动，如，父级物体可以控制子级物体除不透明度以外的位置、旋转、缩放等所有变换属性，达到属性控制变换的目的。在一个父子关系中，父级物体只能有一个，子级物体可以有多个。而一个物体作为一个子级物体的父级物体时，它也可以同时是另一父级物体的子级物体，如图 1-1-4 所示。

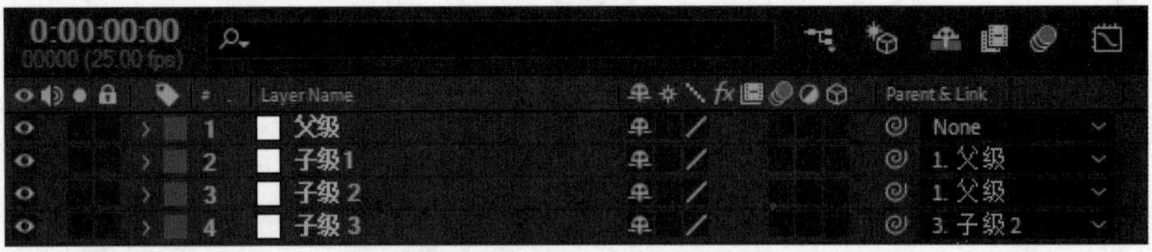

图 1-1-4　绑定父子关系

（1）创建父子关系。物体之间的父子关系是以物体所在图层为基础。先选中作为子级物体的图层，单击“父级和链接”栏下拉按钮 Parent & Link None，在下拉菜单中选择作为父级物体的图层，即可给两个物体建立父子关系。先选中作为子级物体的图层，在“父级和链接”栏中将其关联式表达器拖拽至作为父级物体的图层，也可给两个物体建立父子关系。

（2）解除父子关系。先选中作为子级物体的图层，单击“父级和链接”栏下拉按钮 Parent & Link None，在下拉菜单中选择 None（无），即可解除两个物体的父子关系。先选中作为子级物体的图层，按住 Ctrl 键单击“关联式表达器”按钮，也可解除两个物体的父子关系。

7. 蒙版

蒙版（Mask）是通过蒙版层中的图形或轮廓对象，透出下面图层中的内容。从原理上讲蒙版有两个层，一个是处于上层起到轮廓作用的“蒙版层”，一个是处于下层的“被蒙版层”。在 AE 软件中，通过在一个图层上绘制轮廓的方式来制作蒙版。我们可以想象，处于上层的蒙版层的轮廓形状决定了被看到的图像的形状，而处在下层的被蒙版层决定了被看到的内容。图 1-1-5 所示为创建蒙版示意。

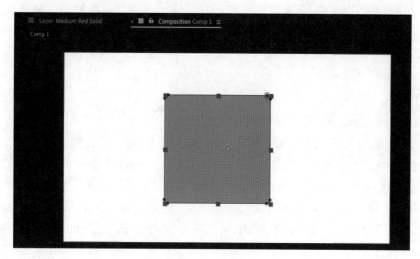

图 1-1-5　创建蒙版

在 AE 中可用工具栏中的 Pen Tool（钢笔工具）或 Rounded Rectangle Tool（圆角矩形工具）创建矩形、椭圆、星形等多种形状的蒙版，如图 1-1-6 所示。蒙版创建完成后，可以通过选中该蒙版并调整蒙版上的节点，对蒙版的形状进行再次修改。在一个图层上允许同时存在多个蒙版，通过选择蒙版的混合模式，可以改变蒙版最终呈现的效果。这些混合模式包括 None（无）、Add（相加）、Subtract（相减）、Intersect（交集）、Lighten（变亮）、Darken（变暗）、Difference（差值）。

图 1-1-6　绘制不同形状的蒙版

8. 轨道遮罩

Track Matte（轨道遮罩）可以将本图层上层中的图像的 Alpha 通道或亮度作为显示区域应用到本图层上。需要特别注意的是，轨道遮罩只能在下层图层中将与其相邻的上层图层设置为其轨道遮罩。如果一个已经设置了轨道遮罩的图层，其相邻的上层图层被删除了，此时将自动应用该位置的新图层作为下方图层的新遮罩层，并对下方图层继续起遮罩作用。若图层上方没有可替代的遮罩层，则该图层的轨道遮罩设置将被自动取消。

在时间轴面板中单击左下角 Expand or Collapse the Transfer Controls pane 按钮，可显示 TrkMat（Track Matte）栏选项。再继续单击该栏下 None 按钮，则可进行轨道遮罩的设置，可以选择的选项有 None（无）、Alpha Matte（通道遮罩）、Alpha Inverted Matte（通道反转遮罩）、Luma Matte（亮度遮罩）、Luma Inverted Matte（亮度反转遮罩）。

9. Character 面板的中英文显示

在 AE 中添加完字库后，Character（字符）面板中加载的名称默认为英文字体名称，不便于工作中字体的快速查找和使用。为了便于查找，需要把字体从英文名称显示切换为中文名称显示，右击 Character 菜单栏，在弹出的快捷菜单中取消勾选 Show Font Names in English，即可显示中文名称。

【任务实施】

1. 制作 App Logo 展示的动画效果

（1）在 AE 软件的操作界面中，单击 Project 面板下方的"新建文件夹"按钮 ▣▣，将新建的文件夹命名为 comps，如图 1-1-7 所示。选择 Project 面板中的 comps 文件夹，在菜单栏中执行 Composition → New Composition 命令，如图 1-1-8 所示，创建新的合成。在弹出的合成面板中，设置 Composition Name（合成名称）为"学习强国 01"，Preset（预设）选择 HDTV 1080 25，合成默认设置 Width（宽度）为 1920 px，Height（高度）为 1080 px，Frame Rate（帧速率）为 25，并设置 Duration（持续时间）为 0:00:05:00，单击 OK（确定）按钮，如图 1-1-9 所示，将在 Project 面板的 comps 文件夹中生成一个名为"学习强国 01"的合成项目，如图 1-1-10 所示。

图 1-1-7　新建文件夹

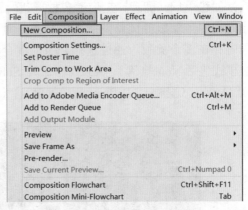

图 1-1-8　创建新合成

（2）选中 footage 文件夹，执行菜单栏中的 File（文件）→ Import（导入）→ File 命令，打开 Import File（导入文件）对话框，选择配套素材中的"工程文件 / 项目 1/footage"下的 OS 文件夹和 pictures 文件夹，如图 1-1-11 所示，将素材文件导入 Project 面板中，如图 1-1-12 所示。在 Project 面板中展开 OS 文件夹，选中文件中的"学习强国 App 配音 _01.mp3"素材，用鼠标将其从 Project 面板拖拽到时间轴面板中，如图 1-1-13 所示。

制作 App Logo
展示的动画效果

（3）按 Ctrl+Y 组合键，在时间轴面板中创建新的纯色层，在弹出的 Solid Setting 对话框中，将 Name（名称）命名为"背景"，单击 Make Comp Size（匹配合成大小）选项，将纯色层的大小匹配"学习强国 01"的合成项目大小，纯色层将会默认设置 Width 为 1920 px、Height 为 1080 px，将 Color 设置为白色，如图 1-1-14 所示，新建的纯色层将作为该项目合成的背景画面。

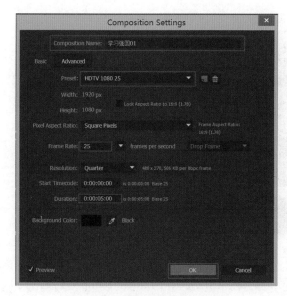

图 1-1-9 设置合成的项目参数

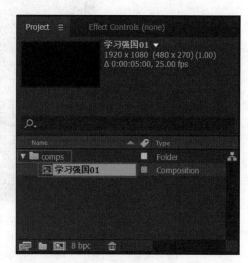

图 1-1-10 生成"学习强国 01"合成项目

图 1-1-11 导入素材文件

图 1-1-12 将素材导入 Project 面板中

图 1-1-13 展开 OS 文件夹并将素材拖拽到时间轴面板中

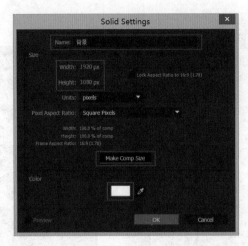

图 1-1-14　新建纯色层并设置纯色层的参数

（4）在时间轴面板中选中"背景"图层，为"背景"图层添加 Gradient Ramp（过渡渐变）特效。在 Effects & Presets 面板中查找 Generate（生成）特效组，如图 1-1-15 所示，展开 Generate 特效组，查找 Gradient Ramp 特效，如图 1-1-16 所示，然后双击该特效，可为"背景"图层添加 Gradient Ramp 特效，如图 1-1-17 所示。

图 1-1-15　在 Effects & Presets 面板中查找 Generate 特效插件　　图 1-1-16　选择 Gradient Ramp 特效

（5）继续选中时间轴面板中的"背景"图层，在 Effect Controls 面板中修改 Gradient Ramp 特效参数。单击 Swap Colors 选项，将 Start Color（起点颜色）与 End Color（终点颜色）进行互换，再单击 End Color 右侧的颜色选项，设置颜色为 HSB(0%,0%,50%)，如图 1-1-18 所示；单击 Ramp Shape 右侧 Linear Ramp▼ 菜单选项，从下拉菜单中选择 Radial Ramp（径向渐变）选项，设置 Start of Ramp（起点渐变）的值为 (960.0,540.0)，End of Ramp（终点渐变）的值为 (960.0,3000.0)；单击 Swap Colors 选项，将 Start Color 与 End Color 进行互换，再单击 End Color 右侧的颜色选项，设置颜色为 HSB(0%,0%,50%)，如图 1-1-19 所示。Composition 面板效果如图 1-1-20 所示。

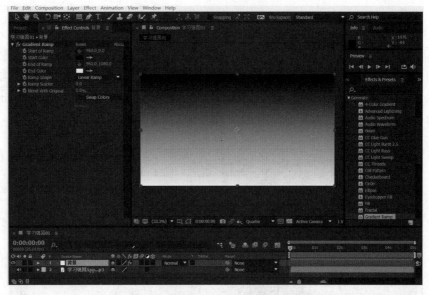

图 1-1-17　添加 Gradient Ramp 特效

图 1-1-18　设置 End Color 的颜色参数

图 1-1-19　设置 Gradient Ramp 特效参数

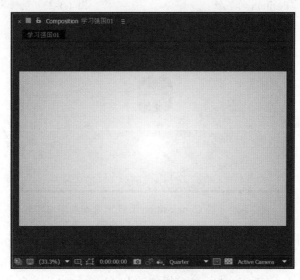

图 1-1-20　Composition 面板的效果

（6）在 Project 面板中展开 pictures 文件夹中的 01 文件夹，选择"学习强国 App_Logo.png"素材，将其拖至时间轴面板中"背景"图层的上方，如图 1-1-21 所示。选择"学习强国 App_Logo.png"图层，按 P 键，可显示该图层的 Position 属性，设置 Position 的数值为 (960.0,400.0)，如图 1-1-22 所示。在工具栏中选择文字工具，如图 1-1-23 所示，在 Composition 面板中单击 Logo 的下方位置，输入文字"学习强国"，Composition 面板效果如图 1-1-24 所示。

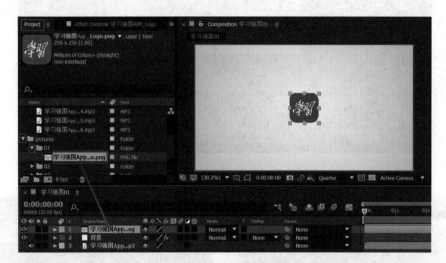

图 1-1-21　将图片素材拖拽到时间轴面板中

图 1-1-22　设置 Position 的参数

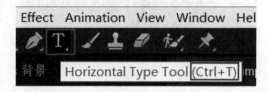

图 1-1-23　选择文字工具

图 1-1-24　在 Composition 面板中输入文字内容

（7）选择"学习强国"文字层，执行菜单栏中的 Window → Paragraph 命令，如图 1-1-25 所示，将显示 Paragraph 面板属性；在 Paragraph 面板中单击 Center text 选项，如图 1-1-26 所示，将文字以中心点排列。执行菜单栏中的 Window → Align 命令，如图 1-1-27 所示，将显示 Align 面板属性；在 Align 面板中单击 Align Horizontally（水平对齐）按钮，如图 1-1-28 所示，将文字水平居中对齐。执行菜单栏中的 Window → Character 命令，如图 1-1-29 所示，将显示 Character 面板属性；在 Character 面板中设置文字字体为思源黑体 CN，字体风格选择 Medium，设置字体大小为 72 px，字体颜色设置为黑色，如图 1-1-30 所示，按 P 键，设置 Position 的数值为 (960.5,650.0)，如图 1-1-31 所示。Composition 面板效果如图 1-1-32 所示。

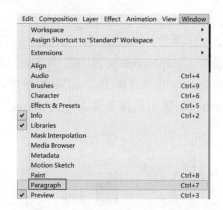

图 1-1-25　显示 Paragraph 面板属性

图 1-1-26　选择 Center text 选项

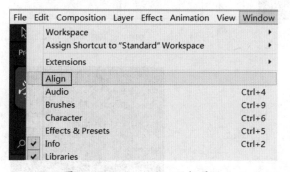

图 1-1-27　显示 Align 面板属性

图 1-1-28　选择水平居中选项

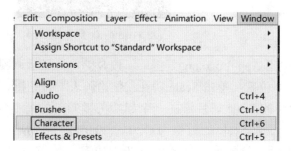

图 1-1-29　显示 Character 面板属性

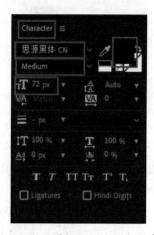

图 1-1-30　设置 Character 面板的参数

图 1-1-31　设置 Position 的参数　　　　　图 1-1-32　Composition 面板的效果

（8）在时间轴面板中选择"学习强国"文字层，按 Ctrl+D 组合键，复制创建一个"学习强国 2"文字层，按 P 键，设置 Position 的数值为 (960.5,750.0)，如图 1-1-33 所示。通过双击时间轴面板中"学习强国 2"文字层，将在 Composition 面板中选中"学习强国"文字，如图 1-1-34 所示，输入文字"海量知识信息与丰富学习慕课"，将原本的"学习强国"文字内容替换，如图 1-1-35 所示。在 Character 面板中设置字体大小为 48 px，如图 1-1-36 所示。

图 1-1-33　设置 Position 的参数　　　　图 1-1-34　选中 Composition 面板中文字层内容

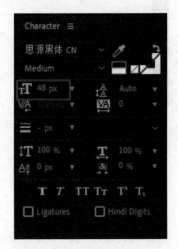

图 1-1-35　输入文字内容　　　　　　　图 1-1-36　设置文字大小

（9）在时间轴面板中选中"学习强国 App_Logo.png"图层，按 S 键，将显示该图层的 Scale 属性，将时间轴移至 0:00:00:00 位置，单击 Scale 属性左侧"码表"按钮，设置 Scale 的数值为 (0.0,0.0%)，为该图层的 Scale 属性添加一个起始关键帧，如图 1-1-37 所示。将时间轴移至 0:00:00:08 位置，设置 Scale 的数值为 (120.0,120.0%)，将创建一个缩放关键帧的动画效果，如图 1-1-38 所示。将时间轴移至 0:00:00:11 位置，设置 Scale 的

数值为 (90.0, 90.0%)，继续添加缩放关键帧的动画效果，如图 1-1-39 所示。将时间轴移至 0:00:00:14 位置，设置 Scale 的数值为 (100.0, 100.0%)，继续添加缩放关键帧的动画效果，如图 1-1-40 所示。选中"学习强国 App_Logo.png"图层的 Scale 属性，即可选中该属性对应的所有关键帧，如图 1-1-41 所示，在 4 个关键帧中的任意一个关键帧上右击，选择 Keyframe Assistant（关键帧助手）选项，继续选择 Easy Ease 选项（快捷键为 F9），如图 1-1-42 所示，将 Scale 关键帧的动画设置为缓动的效果如图 1-1-43 所示。

图 1-1-37　设置 Scale 的起始关键帧

图 1-1-38　创建缩放关键帧动画

图 1-1-39　添加第 3 个缩放关键帧

图 1-1-40　添加第 4 个缩放关键帧

图 1-1-41　选中全部关键帧

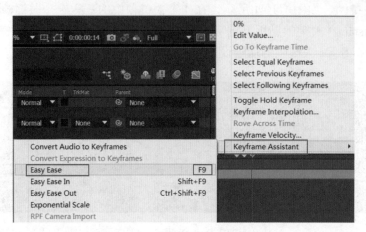

图 1-1-42　选择缓动关键帧的选项

图 1-1-43　设置缓动关键帧的动画效果

（10）继续选择"学习强国 App_Logo.png"图层，按 Shift+T 组合键，可在已显示该图层 Scale 属性的基础上同时显示 Opacity 属性，将时间轴移至 0:00:00:05 位置，单击 Opacity 属性左侧"码表"按钮，为该图层的 Opacity 属性添加一个起始关键帧，如图 1-1-44 所示。将时间轴移至 0:00:00:00 位置，设置 Opacity 的数值为 0%，将创建一个透明的关键帧动画，如图 1-1-45 所示。

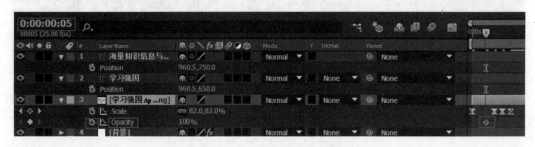

图 1-1-44　设置起始关键帧

（11）继续选择"学习强国 App_Logo.png"图层，按 Shift+R 组合键，可在已显示该图层 Scale 属性和 Opacity 属性的基础上同时显示 Rotation 属性，将时间轴移至 0:00:00:11 位置，单击 Rotation 属性左侧"码表"按钮，为该图层的旋转属性添加起始关键帧，如图 1-1-46 所示。将时间轴移至 0:00:00:14 位置，设置 Rotation 的数值为 (0×+5.0°)，将创建一个旋转的关键帧动画，如图 1-1-47 所示。将时间轴移至 0:00:00:17 位置，设置 Rotation 的数值为 (0×-5.0°)，继续添加旋转关键帧的动画效果，如图 1-1-48 所示。将时间轴移至 0:00:00:20 位置，设置 Rotation 的数值为 (0×+0.0°)，继续添加旋转关键帧的动画效果，如图 1-1-49 所示。

图 1-1-45 设置关键帧动画

图 1-1-46 设置 Rotation 的起始关键帧

图 1-1-47 创建旋转关键帧动画

图 1-1-48 添加第 3 个旋转关键帧

（12）选择"学习强国"文字层，将时间轴移至 0:00:00:14 位置，按 [键，可自动将素材的起始时间更改为 0:00:00:14，如图 1-1-50 所示。按 Shift+S 组合键，可在已显示该图层 Position 属性的基础上同时显示 Scale 属性，将时间轴移至 0:00:00:24 位置，单击 Position 属性和 Scale 属性左侧的"码表"按钮 ，分别设置 Position 和 Scale 的关键帧，如图 1-1-51 所示；将时间轴移至 0:00:00:14 位置，设置 Position 的数值为 (960.5, 444.0)，将创建一个位置关键帧的动画效果，设置 Scale 的数值为 (62.0, 62.0%)，将创建一个缩放关键帧的动画效果，如图 1-1-52 所示。在"学习强国"文字层上同时选中 Position 属性和 Scale 属性的所有关键帧，按 F9 键，执行 Easy Ease 命令，如图 1-1-53 所示。再将"学习强国"文字层放置在"学习强国 App_Logo.png"图层的下方，如图 1-1-54 所示。

图 1-1-49　添加第 4 个旋转关键帧

图 1-1-50　更改图层起始的位置

图 1-1-51　设置 Position 和 Scale 的关键帧

图 1-1-52　创建 Position 和 Scale 的关键帧动画

图 1-1-53　设置 Position 和 Scale 的缓动效果

（13）选择"海量知识信息与丰富学习慕课"文字层，将时间轴移至 0:00:01:20 位置，按 [键，可自动将素材的起始时间更改为 0:00:01:20。在 Effects & Presets 面板中展开 Animation Presets 预设效果组，继续展开 Text 预设效果组，再继续展开 Animate In 预设效果组，查找 Fade Up Characters 预设效果，然后双击该效果，如图 1-1-55 所示，可为该文字层添加文字动画预设效果。

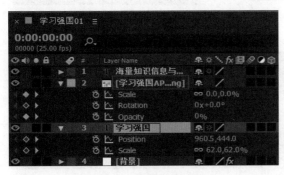

图 1-1-54　调整图层的位置

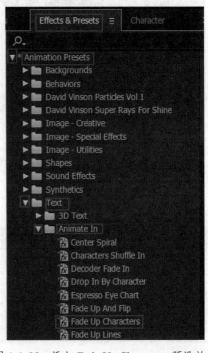

图 1-1-55　添加 Fade Up Characters 预设效果

2. 制作 App 产品简介的动画效果

（1）在 Project 面板中选中 comps 文件夹，再按 Ctrl+N 组合键，打开"合成设置"（Composition Settings）对话框，设置 Composition Name 为"学习强国 02"，Preset 选择 HDTV 1080 25，合成默认设置 Width 为 1920 px，Height 为 1080 px，Frame Rate 为 25，并设置 Duration 为 0:00:25:00，单击 OK 按钮，如图 1-1-56 所示，将会在 Project 面板的 comps 文件夹中生成一

制作 App 产品简介的动画效果 1

个"学习强国 02"的合成项目。在 Project 面板中，将 OS 文件夹中的"学习强国 App 配音 _02.mp3"素材从 Project 面板拖到时间轴面板"学习强国 02"中，如图 1-1-57 所示。

（2）单击时间轴面板中"学习强国 01"的合成项目面板（有时也称合成面板），可从"学习强国 02"的合成项目面板切换至"学习强国 01"的合成项目面板。选择"学习强国 01"合成项目面板中的"背景"图层，如图 1-1-58 所示，再按 Ctrl+C 组合键，单击时间轴面板中"学习强国 02"的合成项目面板，可从"学习强国 01"的合成项目面板切换至"学习强国 02"的合成项目面板。在时间轴面板"学习强国 02"合成项目面板中按 Ctrl+V 组合键，将"学习强国 01"合成项目面板中的"背景"图层复制至"学习强国 02"的合成项目面板中，如图 1-1-59 所示。在时间轴面板中，将"背景"图层的时长设置成与"学习强国 App 配音 _02.mp3"的音频层时长一致，如图 1-1-60 所示。

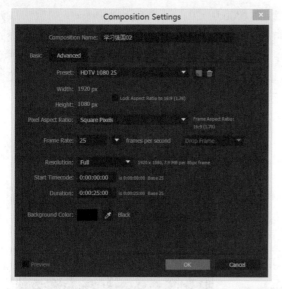

图 1-1-56　设置合成的项目参数

图 1-1-57　将音频移至时间轴面板中

图 1-1-58　在"学习强国 01"合成项目
面板中选择"背景"图层

图 1-1-59　在"学习强国 02"合成项目
面板中粘贴"背景"图层

图 1-1-60　延长"背景"图层的时长

（3）在 Project 面板中展开 pictures 文件夹中的 02 文件夹，按住 Ctrl 键，选择 iphone8.png 素材，将其拖至时间轴面板的"背景"图层上方。继续在 Project 面板中选择"学习强国 _ 长图 .jpg"图层，将其拖至时间轴面板的"背景"图层上方，如图 1-1-61 所示。

选择"学习强国 _ 长图 .jpg"图层，按 S 键，设置 Scale 的数值为 (66.0, 66.0%)。选中"学习强国 _ 长图 .jpg"图层，打开 Parent 栏下拉菜单，在下拉菜单中选择 1. iphone8.png 选项，如图 1-1-62 所示，为 iphone8.png 图层（父）和"学习强国 _ 长图 .jpg"图层（子）建立父子关系，如图 1-1-63 所示。建立父子关系以后，iphone8.png 图层即可控制"学习强国 _ 长图 .jpg"图层的变换属性。

图 1-1-61　放置素材

图 1-1-62 选择 iphone8.png 图层

图 1-1-63 建立父子关系

（4）在时间轴面板中选择 iphone8.png 图层。在 Effects & Presets 面板中展开 Perspective（透视）特效组，双击 Drop Shadow（阴影）特效，如图 1-1-64 所示。在 Effect Controls 面板中修改 Drop Shadow 特效参数，设置 Distance（距离）的值为 0，设置 Softness（软化）的值为 10，如图 1-1-65 所示。

图 1-1-64 添加 Drop Shadow 特效

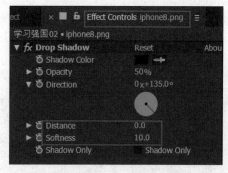

图 1-1-65 设置 Drop Shadow 特效参数

（5）在时间轴面板中选择"学习强国_长图.jpg"图层，按 A 键将显示该图层 Anchor Point 属性，即图层的中心点属性，设置 Anchor Point 的数值为 (375.0,645.0)，如图 1-1-66 所示，可将图片与手机屏幕对齐，合成面板效果如图 1-1-67 所示。将时间轴移至 0:00:00:00 位置，单击该图层 Anchor Point 左侧"码表"按钮，为该图层的 Anchor Point 属性添加起始关键帧，如图 1-1-68 所示。将时间轴移至 0:00:24:24 位置，设置 Anchor Point 的数值为 (375.0,10000.0)，将自动生成关键帧动画，如图 1-1-69 所示。

图 1-1-66 设置 Anchor Point 的参数

图 1-1-67 合成效果

图 1-1-68　添加起始关键帧

图 1-1-69　创建关键帧动画

（6）选中时间轴面板中 iphone8.png 图层，按 S 键，设置 Scale 的数值为（80.0,80.0%），按 P 键，设置 Position 的数值为（1200.0,540.0）。选中时间轴面板中"学习强国 _ 长图 .jpg"图层，按 Ctrl+Y 组合键，在弹出的对话框中新建名为 matte 的白色纯色层，如图 1-1-70 所示。在时间轴面板中，可在"学习强国 _ 长图 .jpg"图层的上方创建 matte 图层。选中时间轴面板中的 matte 图层，在工具栏中选择 Rectangle Tool 选项，如图 1-1-71 所示，在 Composition 面板中绘制一个矩形蒙版，绘制矩形蒙版的效果如图 1-1-72 所示，此时将会在 matte 图层上显示已添加的 Mask（蒙版）属性，如图 1-1-73 所示。

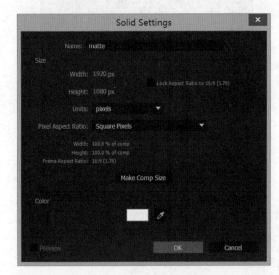

图 1-1-70　新建白色纯色层

图 1-1-71　选择矩形工具

（7）选中时间轴面板中"学习强国 _ 长图 .jpg"图层，打开 Track Matte 栏下拉菜单，选择 Alpha Matte，如图 1-1-74 所示，可把"学习强国 _ 长图 .jpg"素材的画面大小匹配成与在 matte 图层绘制的蒙版大小一致，合成效果如图 1-1-75 所示。选中 matte 图层，打开 Parent 栏下拉菜单，在下拉菜单中选择 1. iphone8.png 选项，为 iphone8.png 图层（父）和 matte 图层（子）建立父子关系，如图 1-1-76 所示。

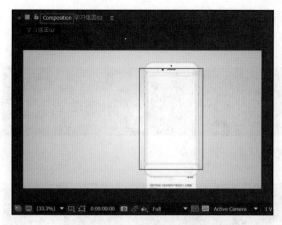

图 1-1-72　绘制矩形蒙版

图 1-1-73　显示 Mask 属性

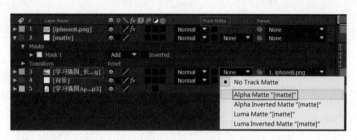

图 1-1-74　为图层设置轨道蒙版

图 1-1-75　合成效果

图 1-1-76　建立父子关系

（8）选中时间轴面板中 iphone8.png 图层，将时间轴移至 0:00:01:00 位置，按 P 键，单击该图层 Position 左侧"码表"按钮，为该图层的 Position 属性添加一个关键帧。将时间轴移至 0:00:00:00 位置，设置 Position 的数值为 (2200.0,540.0)，将自动生成关键帧动画，如图 1-1-77 所示，手机将从右侧画框外移至画框内。选中该图层的 Position 属性，即可选中 Position 属性上的两个关键帧，按 F9 键，执行 Easy Ease 命令，如图 1-1-78 所示。

图 1-1-77　创建位置关键帧动画

图 1-1-78　设置缓动关键帧的动画效果

（9）按 Ctrl+Y 组合键，新建一个名为"彩色条"的纯色层，修改纯色层的颜色。单击颜色选项，将颜色设置为 HSB(5%,100%,70%)，如图 1-1-79 所示。在工具栏中选择 Rectangle Tool（矩形工具）选项，再在 Composition 面板中绘制一个矩形蒙版，绘制矩形蒙版的效果如图 1-1-80 所示，此时将会在"彩色条"图层上显示已添加的 Mask（蒙版）属性。按 M 键，可展开 Mask 1 蒙版中的 Mask Path（蒙版路径）属性。将时间轴移至 0:00:01:05 位置，单击该图层 Mask Path 左侧"码表"按钮 ⬤ ，为该图层的蒙版路径添加一个关键帧，如图 1-1-81 所示。将时间轴移至 0:00:00:20 位置，在 Composition 面板中双击 Mask（蒙版）中 4 个点中的任意一点，可修改彩色条的形状，修改形状的效果如图 1-1-82 所示，在 Composition 面板中修改形状后，时间轴面板将会自动生成关键帧动画。将时间轴移至 0:00:00:10 位置，在 Composition 面板中继续修改彩色条的形状，修改形状的效果如图 1-1-83 所示，时间轴面板将会继续生成第 3 个关键帧。将时间轴移至 0:00:00:00 位置，在 Composition 面板中继续修改彩色条的形状，修改形状的效果如图 1-1-84 所示，时间轴面板将会继续生成第 4 个关键帧。

图 1-1-79　新建纯色层

图 1-1-80　绘制矩形蒙版

图 1-1-81　创建蒙版路径的关键帧

图 1-1-82　在 Composition 面板中修改 Mask 形状

图 1-1-83　修改 0:00:00:10 位置的 Mask 形状

图 1-1-84　修改 0:00:00:00 位置的 Mask 形状

（10）在 Project 面板中，将 02 文件夹中"学习强国 _ 名称 .png"素材放置在"学习强国 02"面板的顶层，按 P 键，设置 Position 的数值为 (428.0,332.0)，将时间轴移至 0:00:02:00 位置，按 [键，可自动将素材的起始时间更改为 0:00:02:00，如图 1-1-85 所示。将时间轴移至 0:00:02:20 位置，按 P 键，单击该图层 Position 左侧"码表"按钮，为该图层的 Position 属性添加一个关键帧。将时间轴移至 0:00:02:00 位置，设置 Position 的数值为 (56.0,332.0)，将自动生成关键帧动画，如图 1-1-86 所示。

制作 App 产品简介的动画效果 2

图 1-1-85　修改素材的位置并更改素材的起始时间

图 1-1-86　创建位移动画

（11）按 Ctrl+Y 组合键，在时间轴面板顶层新建一个名为 matte 1 的纯色层，按 P 键，设置 Position 的数值为 (1174.0,540.0)，选中时间轴面板中"学习强国 _ 名称 .png"图层，打开 TrkMat 栏下拉菜单，选择 Alpha Matte，如图 1-1-87 所示，可限定"学习强国 _ 名称 .png"图层的位置动画只在 matte 1 图层区域中显示。

图 1-1-87　为图层设置轨道遮罩

（12）按 Ctrl+T 组合键，切换文字工具，在 Composition 面板中输入文字"海量 免费的学习资源"。在 Character 面板中，设置文字字体为思源黑体 CN，字体风格为 Medium，字体大小为 36 px，字体颜色为黑色，Paragraph 选择 Left align text（左对齐）▤。按 P 键，设置 Position 的数值为 (290.0,500.0)，Composition 面板效果如图 1-1-88 所示。

图 1-1-88　文字在 Composition 面板中的效果

（13）在时间轴面板中选择"海量免费的学习资源"文字层，按 Ctrl+D 组合键，复制创建一个文字层。按 P 键，设置 Position 的数值为 (290.0,600.0)，再双击该文字图层，在 Composition 面板中修改文字内容为"让学习更多样 更个性 更智能 更便捷"。选择"让学习更多样 更个性 更智能 更便捷"文字层，按 Ctrl+D 组合键，复制创建一个文字层。按 P 键，设置 Position 的数值为 (290.0,700.0)，再双击该文字图层，在 Composition 面板中修改文字内容为 www.xuexi.cn，再将"彩色条"图层移至时间轴面板的顶层，如图 1-1-89 所示，Composition 面板效果如图 1-1-90 所示。

图 1-1-89　调整图层位置

图 1-1-90　Composition 合成面板的效果

（14）在时间轴面板中选中"海量免费的学习资源"文字层，将时间轴移至 0:00:07:08 位置，按 [键，可自动将素材的起始时间更改为 0:00:07:08。将时间轴移至 0:00:08:03 位置，单击该图层 Position 左侧"码表"按钮，为该图层的 Position 属性添加一个关键帧。将时间轴移至 0:00:07:08 位置，设置 Position 的数值为 (-439.0,500.0)，将自动生成关键帧动画。选中"让学习更多样 更个性 更智能 更便捷"文字层，将时间轴移至 0:00:15:23 位置，按 [键，可自动将素材的起始时间更改为 0:00:15:23。将时间轴移至 0:00:16:18 位置，单击该图层 Position 左侧"码表"按钮，为该图层的 Position 属性添加一个关键帧。将时间轴移至 0:00:15:23 位置，设置 Position 的数值为 (-439.0,500.0)，将自动生成关键帧动画。选中 www.xuexi.cn 文字层，将时间轴移至 0:00:21:22 位置，按 [键，可自动将素材的起始时间更改为 0:00:21:22。将时间轴移至 0:00:22:17 位置，单击该图层 Position 左侧"码表"按钮，为该图层的 Position 属性添加一个关键帧。将时间轴移至 0:00:21:22 位置，设置 Position 的数值为 (-439.0,500.0)，将自动生成关键帧动画，如图 1-1-91 所示。

图 1-1-91　创建 3 个文字层的位置动画

27

（15）在时间轴面板中选中 matte 1 图层，按 Ctrl+D 组合键 3 次，复制 3 个新的 matte 1 图层，将复制的 3 个 matte 1 图层分别放置在"海量免费的学习资源"文字层上方、"让学习更多样 更个性 更智能 更便捷"文字层上方和 www.xuexi.cn 文字层上方，如图 1-1-92 所示。按 Ctrl 键，同时单击 www.xuexi.cn 文字层、"让学习更多样 更个性 更智能 更便捷"文字层和"海量免费的学习资源"文字层 3 个图层，任意单击被选中的 3 个图层中的任意一个图层，打开 TrkMat 栏下拉菜单，选择 Alpha Matte，如图 1-1-93 所示，可限定 3 个文字层的位置动画只在 matte 1 图层区域中显示。

图 1-1-92　复制 matte 1 图层并将图层放置在时间轴面板中的对应位置

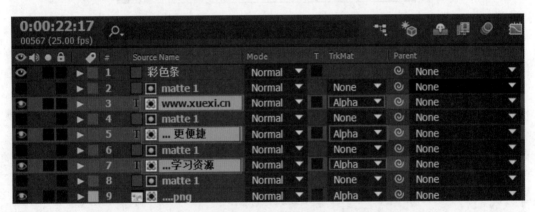

图 1-1-93　为 3 个文字层添加轨道遮罩（Track Matte）

任务 1.2　App 产品的展示与特点

【任务描述】

对 App 产品进行了基本介绍后，下一步要对产品的操作界面和特点进行丰富的可视化展示介绍。不同的产品外形和特点也不相同，这就需要选择合适的画面设计风格、与产品格调相匹配的动画和效果表现方式。尤其是在展示产品时，需要根据产品的特点选取相应的画面并进行整齐的设计排列，以最佳的动画和效果表现方式突出产品特点。

【任务要求】

在"App 产品的展示与特点"任务制作中，进一步加深对 AE 软件的认识，加强对任务 1.1 中涉及的软件基础操作的熟练程度，主要学习重叠图层及替换图层的作用，了解字幕和文字书写注意事项，掌握重叠图层和替换图层的操作方式与参数设置方法，配合添加文字的综合调整来完成"App 产品的展示与特点"任务。

【知识链接】

1. Overlap（重叠）讲解

在 AE 中可以通过重叠图层来辅助动画制作，提高制作效率。错位少量的图层可以使用手动移动的方法来实现，如果错位的图层有几十个、甚至上百个，就需要通过 Keyframe Assistant 来实现。

首先在 AE 中创建一个新的合成，预设为 HDTV 1080 25，尺寸为 1920 px×1080 px，持续时间为 10 秒。

新建 10 个文字层，分别输入 10 个数字（1、2、3、4、5、6、7、8、9、10），如图 1-2-1 所示。将每一层的数字均放置在画面中心位置，Composition 面板效果如图 1-2-2 所示，每个图层显示时长均设置为 1 秒。

图 1-2-1　创建 10 个图层

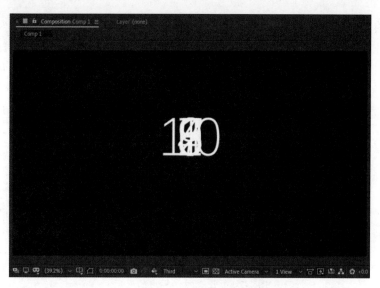

图 1-2-2　合成效果

选中这 10 个图层，单击菜单栏中 Animation → Keyframe Assistant → Sequence Layers，如图 1-2-3 所示，弹出 Sequence Layers 对话框，如图 1-2-4 所示。

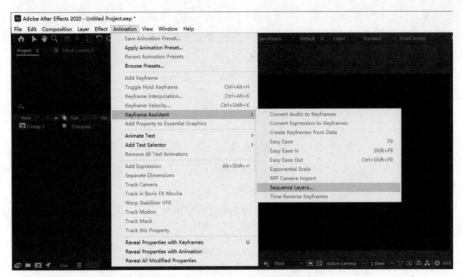

图 1-2-3　选择 Sequence Layers

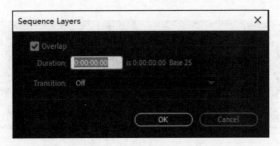

图 1-2-4　弹出 Sequence Layers 对话框

在弹出的 Sequence Layers 对话框中勾选 Overlap 复选框，Duration 设置为 0:00:00:00。注意，此处的 Duration 是每一个平移之后上下两个图层重叠的时间。其中，Transition（过渡）类型有 3 种选项，第 1 种是 Off（无过渡），第 2 种是 Dissolve Front Layer（溶解前景图层），第 3 种是 Cross Dissolve Front and Back Layers（交叉溶解前景和背景图层），如图 1-2-5 所示。选择合适选项后单击 OK 按钮，即可完成重叠图层，如图 1-2-6 所示。

图 1-2-5　设置对话框中的选项

图 1-2-6　时间轴面板显示

2. 替换图层的详解

替换图层指通过快捷操作，用新的素材对已有素材进行替换，并保持原有图层所带的效果不变。

首先导入一个素材至新建合成，如图 1-2-7 所示，通过缩放使其处于画面中心的合适位置，持续时间设置为 1 秒。在 Project 面板中选中需要替换的图层，如图 1-2-8 所示，在时间轴面板中被替换的图层需保持选中状态，如图 1-2-9 所示。

图 1-2-7　导入素材

图 1-2-8　选择需要替换的图层

图 1-2-9　选中"0301 学习"图层

　　导入一个新素材至 Project 面板，按住 Alt 键，将新素材拖至所要替换的图层位置上方，可实现在保持原图层属性不变的情况下，替换成新的素材。同类型的素材之间可以进行替换，如图 1-2-10 所示，可以用图片替换图片、视频替换视频；不同类型素材之间也可以进行替换，如图片替换视频，而被替换的素材的原带属性都会完全保留。

图 1-2-10　替换后的效果

　　3．字幕文字的注意事项

　　在视频画面中，文字是重要的信息提示，它不仅可作为字幕出现，成为同步音频的文字提示，而且有时也是画面内容的重要组成部分。在视频中显示的字幕文字有一些特定的规则和要求，需要特别注意的有以下几点。

　　（1）除书名号和括号外，不能出现其他标点符号。需要表达停顿的可用空格代替，字幕中所有标点及空格均必须使用全角。

　　（2）栏目名称、歌曲名称、书名、电影、电视剧要统一加书名号。

　　（3）可用括号补充说话人未表达出来的话语。

　　（4）字幕必须与音频内容一致，若音频中出现口误，可用括号标明。

　　（5）字幕通常一句话一行，一般每行字幕不超过 15 个字。需合理分行断句，不能简单按照字数断句，需以内容为断句依据。

制作 App 页面
展示的效果

【任务实施】

1. 制作 App 页面展示的效果

（1）在 Project 面板中选中 comps 文件夹，再按 Ctrl+N 组合键，通过打开的"合成设置"对话框，设置 Composition Name 为"学习强国 03"，Preset 选择 HDTV 1080 25，合成默认设置 Width 为 1920 px，Height 为 1080 px，Frame Rate 为 25，并设置 Duration 为 0:00:10:00，单击 OK 按钮，将会在 Project 面板的 comps 文件夹中生成一个名为"学习强国 03"的合成项目。在 Project 面板中将 OS 文件夹中的"学习强国 App 配音 _03.mp3"素材拖到时间轴面板"学习强国 03"中。

（2）单击时间轴面板中"学习强国 02"的合成面板，可从"学习强国 03"的合成项目面板切换至"学习强国 02"的合成项目面板。选择"学习强国 02"合成项目面板中的"背景"图层，再按 Ctrl+C 组合键，单击时间轴面板中"学习强国 03"的合成项目面板，可从"学习强国 02"的合成项目面板切换至"学习强国 03"的合成项目面板。在时间轴面板"学习强国 03"的合成项目面板中按 Ctrl+V 组合键，将"学习强国 02"合成项目面板中的"背景"图层复制至"学习强国 03"的合成项目面板中，如图 1-2-11 所示。

图 1-2-11　在"学习强国 03"面板中粘贴"背景"图层

（3）在 Project 面板中展开 pictures 文件夹中的 03 文件夹，选择"0301 学习 .png"素材，将其拖至时间轴面板的"背景"图层上方。按 S 键，设置 Scale 的数值为 (96.5,96.5%)。按 P 键，设置 Position 的数值为 (2230.0,540.0)，将时间轴移至 0:00:00:00 位置，单击该图层 Position 左侧"码表"按钮，为该图层的 Position 属性添加一个起始关键帧；将时间轴移至 0:00:00:15 位置，设置 Position 的数值为 (1140.0,540.0)，生成第 2 个关键帧后就已创建一个位移的关键帧动画；将时间轴移至 0:00:01:10 位置，设置 Position 的数值为 (900.0,540.0)，将自动生成第 3 个关键帧；将时间轴移至 0:00:02:00 位置，设置 Position 的数值为 (-310.0,540.0)，将自动生成第 4 个关键帧，如图 1-2-12 所示。

图 1-2-12　创建 Position 的关键帧动画

（4）在时间轴面板中选中"0301 学习 .png"图层，按 Ctrl+D 组合键 4 次，复制 4 个"0301 学习 .png"图层，如图 1-2-13 所示。在时间轴面板中，需先选中第 2 个"0301 学习 .png"图层，如图 1-2-14 所示。在 Project 面板中找到"0302 视频 .png"素材，长按

Alt 键，同时将 "0302 视频 .png" 素材拖拽至时间轴面板中，如图 1-2-15 所示，即可将时间轴面板中被选中的 "0301 学习 .png" 图层替换为 "0302 视频 .png" 素材，并保持 "0301 学习 .png" 图层原有的参数设置，如图 1-2-16 所示。按照同样的步骤，依次将第 3 个 "0301 学习 .png" 图层替换为 "0303 消息 .png" 素材；将第 4 个 "0301 学习 .png" 图层替换为 "0304 答题 .png" 素材；将第 5 个 "0301 学习 .png" 图层替换为 "0305 积分 .png" 素材，如图 1-2-17 所示。

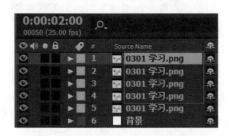

图 1-2-13　复制 4 个 "0301 学习 .png" 图层

图 1-2-14　选中第 2 个 "0301 学习 .png" 图层

图 1-2-15　选中被替换的图层

图 1-2-16　替换图层

图 1-2-17　依次替换所需素材

（5）按 Shift 键，同时选中 1 ～ 5 的 5 个图层，在时间轴面板的图层区域右击，选择 Keyframe Assistant → Sequence Layers 命令，如图 1-2-18 所示。在弹出的 Sequence Layers 对话框中勾选 Overlap 复选框，设置 Duration 为 00:00:08:15，再单击 OK 按钮，如图 1-2-19 所示。时间轴面板的效果如图 1-2-20 所示。

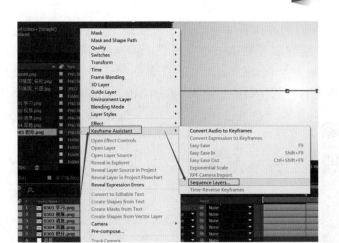

图 1-2-18　选择 Keyframe Assistant → Sequence Layers 命令　　　图 1-2-19　Sequence Layers 的设置

图 1-2-20　时间轴面板的效果

（6）按 Ctrl+T 组合键，切换文字工具，在 Composition 面板中单击"学习强国 _ 名称 .png"图层的下方位置，输入文字"学习强国——给你带来愉悦的学习享受"。在 Character 面板中，设置文字字体为思源黑体 CN，字体风格为 Medium，字体大小为 60 px，字体颜色为黑色。在 Paragraph 面板中单击 Center text 选项，将文字以中心点排列。在 Align 面板中单击 Align Horizontally 按钮█和 Align Vertically 按钮██，将文字水平、垂直居中对齐，即把文字置于 Composition 面板的中心位置，合成效果如图 1-2-21 所示。

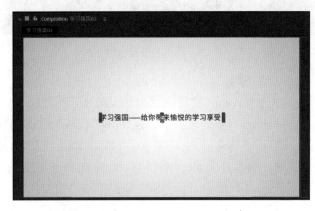

图 1-2-21　文字居于 Composition 面板中心位置

（7）在时间轴面板中选中"学习强国"文字层，在 Effects & Presets 面板中展开 Animation Presets 预设效果组，继续展开 Text 预设效果组，再继续展开 Animate In 预设效果组，查找 Spin In By Character 预设效果，然后双击该效果，如图 1-2-22 所示，可为该文字层添加文字动画预设特效。在时间轴面板中单击"学习强国"文字层左侧 ▶ 按钮，展开"学习强国"文字层属性，继续展开其 Text 文字属性，再继续展开 Animator 1 属性，设置该属性中的 Position 的数值为 (514.0,596.0)，如图 1-2-23 所示。将时间轴移至 0:00:07:10 位置，按 [键，可自动将素材的起始时间更改为 0:00:07:10，如图 1-2-24 所示。

图 1-2-22　添加文字动画预设特效

图 1-2-23　设置文字动画中的 Position 参数

图 1-2-24　修改文字的起始时间

2. 制作 App 产品特点的效果

（1）在 Project 面板中选中 comps 文件夹，再按 Ctrl+N 组合键，通过打开的"合成设置"对话框，设置 Composition Name 为"学习强国 04"，Preset 选择 HDTV 1080 25，合成默认设置 Width 为 1920 px，Height 为 1080 px，Frame Rate 为 25，并设置 Duration 为 0:00:18:00，单击 OK 按钮，将会在 Project 面板的 comps 文件夹中生成一个名为"学习强国 04"的合成项目。在 Project 面板中，将 OS 文件夹中的"学习强国 App 配音 _04.mp3"素材从 Project 面板拖到时间轴面板"学习强国 04"中。

（2）单击时间轴面板中的"学习强国 03"的合成项目面板，可从"学习强国 04"的合成项目面板切换至"学习强国 03"的合成项目面板。选择"学习强国 03"合成项目面板中的"背景"图层，按 Ctrl+C 组合键，单击时间轴面板中"学习强国 04"的合成项目面板，可从"学习强国 03"的合成项目面板切换至"学习强国 04"的合成项目面板。

在时间轴面板的"学习强国 04"合成项目面板中按 Ctrl+V 组合键，将"学习强国 03"合成项目面板中的"背景"图层复制至"学习强国 04"的合成项目面板中，如图 1-2-25 所示。

图 1-2-25 在"学习强国 04"面板中粘贴"背景"图层

（3）在 Project 面板中展开 pictures 文件夹中的 03 文件夹，选择"0401 丰富学习资源 .jpg"素材，将其拖至时间轴面板的"背景"图层上方。展开 pictures 文件夹中的 02 文件夹，选择 iphone8.png 素材，将其拖至时间轴面板的顶层。选中"0401 丰富学习资源 .jpg"图层，打开 Parent 栏下拉菜单，在下拉菜单中选择 1. iphone8.png 选项，为 iphone8.png 图层（父）和"0401 丰富学习资源 .jpg"图层（子）建立父子关系，如图 1-2-26 所示。建立父子关系以后，iphone8.png 图层即可控制"0401 丰富学习资源 .jpg"图层的变换属性。

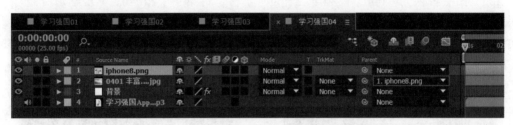

图 1-2-26 建立父子关系

（4）在时间轴面板中选中"0401 丰富学习资源 .jpg"图层，按 S 键，设置 Scale 的数值为 (64.0,64.0%)，选中 iphone8.png 图层，按 S 键，设置 Scale 的数值为 (60.0,60.0%)，如图 1-2-27 所示。在 Effects & Presets 面板中展开 Perspective 特效组，双击 Drop Shadow 特效，在 Effect Controls 面板中修改 Drop Shadow 特效参数，设置 Distance 的值为 0，设置 Softness 的值为 10，合成效果如图 1-2-28 所示。

图 1-2-27 设置图层的缩放参数

图 1-2-28 Composition 面板效果

（5）在时间轴面板中选择 iphone8.png 图层，将时间轴移至 0:00:01:00 位置，按 P 键，单击该图层 Position 左侧"码表"按钮 ，为该图层的 Position 属性添加一个关键帧。将时间轴移至 0:00:00:00 位置，设置 Position 的数值为 (960.0,1500.0)，将自动生成关键帧动画，选中该图层的 Position 属性，即可选中 Position 属性上的两个关键帧，按 F9 键，执行 Easy Ease 命令，如图 1-2-29 所示。

图 1-2-29　设置缓动的位置动画效果

（6）在时间轴面板中选中"0401 丰富学习资源 .jpg"图层。按 Ctrl+D 组合键 5 次，即可复制 5 个"0401 丰富学习资源 .jpg"图层，如图 1-2-30 所示。在时间轴面板中需先选中第 6 个"0401 丰富学习资源 .jpg"，再在 Project 面板中找到"0402 学习强国号 .jpg"素材，长按 Alt 键，同时将"0402 学习强国号 .jpg"素材拖拽至时间轴面板中，即可将时间轴面板中被选中的"0401 丰富学习资源 .jpg"图层替换为"0402 学习强国号 .jpg"，如图 1-2-31 所示。按照同样的步骤，依次将第 5 个"0401 丰富学习资源 .jpg"图层替换为"0403 视频学习 .jpg"素材；将第 4 个"0401 丰富学习资源 .jpg"图层替换为"0404 在线答题 .jpg"素材；将第 3 个"0401 丰富学习资源 .jpg"图层替换为"0405 学习积分 .jpg"素材，将第 2 个"0401 丰富学习资源 .jpg"图层替换为"0406 强国运动 .jpg"素材，如图 1-2-32 所示。

图 1-2-30　复制 5 个图层

图 1-2-31　替换第 6 层图层的内容

图 1-2-32　将第 2~5 层素材进行替换

（7）在时间轴面板中按 Shift 键，同时单击第 2 层和第 7 层的图层，即可同时选中 6 个图层，再按 P 键，可同时显示 6 个图层的 Position 属性，如图 1-2-33 所示。在时间轴面板中：选中第 6 个图层，设置 Position 的数值为 (1400.0,800.0)；选中第 5 个图层，设置 Position 的数值为 (2000.0,800.0)；选中第 4 个图层，设置 Position 的数值为

(2600.0,800.0)；选中第 3 个图层，设置 Position 的数值为 (3200.0,800.0)；选中第 2 个图层，设置 Position 的数值为 (3800.0,800.0)。各图层的 Position 参数数值如图 1-2-34 所示。

图 1-2-33 显示各图层的 Position 属性

图 1-2-34 设置各图层的 Position 参数数值

（8）在时间轴面板中按 Shift 键，同时单击第 2 层和第 6 层的图层，即可同时选中 5 个图层。单击被选中的 5 个图层中的任意一个图层，打开 Parent 栏下拉菜单，在下拉菜单中选择"0401 丰富学习资源.jpg"选项，如图 1-2-35 所示，即可绑定图层的父子关系。

图 1-2-35 绑定图层的父子关系

（9）选中时间轴面板中的"学习强国 App 配音 _04.mp3"音频层，按 L 键，可显示该图层的音波效果，如图 1-2-36 所示。选中"0401 丰富学习资源.jpg"图层，将时间轴移至 0:00:01:16 位置，单击该图层 Position 左侧"码表"按钮，为该图层的 Position 属性添加第 1 个关键帧；将时间轴移至 0:00:02:01 位置，设置 Position 的数值为 (200.0,800.0)，将自动生成第 2 个关键帧；将时间轴移至 0:00:03:02 位置，单击 Position 左侧 按钮，将在不改变数值的基础上生成第 3 个关键帧，如图 1-2-37 所示；将时间轴移至 0:00:03:12 位置，设置 Position 的数值为 (-400.0,800.0)，将自动生成第 4 个关键帧；将时间轴移至 0:00:04:07 位置，单击 Position 左侧 按钮，将在不改变数值的基础上生成第 5 个关键帧；将时间轴移至 0:00:04:17 位置，设置 Position 的数值为 (-1000.0,800.0)，将自动生成第 6 个关键帧；将时间轴移至 0:00:05:12 位置，单击 Position 左侧 按钮，将在不改变数值的基础上生成第 7 个关键帧；将时间轴移至 0:00:05:22 位置，设置 Position 的数值为 (-1600.0,800.0)，将自动生成第 8 个关键帧；将时间轴移至 0:00:06:17 位置，单击 Position 左侧 按钮，将在不改变数值的基础上生成第 9 个关键帧；将时间轴移至 0:00:07:02 位置，设置 Position 的数值为 (-2200.0,800.0)，将自动生成第 10 个关键帧。选

中该图层的 Position 属性,即可选中 Position 属性上的 10 个关键帧,按 F9 键,执行 Easy
Ease 命令,如图 1-2-38 所示。

图 1-2-36　显示音频层的音波

图 1-2-37　添加与上一个关键帧数值相同的关键帧

图 1-2-38　创建关键帧动画并设置动画的缓动效果

　　(10) 按 Ctrl+T 组合键,切换文字工具,在 Composition 面板中单击 iphone8.png 图层
的下方位置,输入文字"丰富学习资源"。在 Character 面板中,设置文字字体为思源黑体
CN,字体风格为 Medium,字体大小为 60 px,字体颜色为黑色。在 Paragraph 面板中单
击 Center text 选项,将文字以中心点排列。在 Align 面板中单击 Align Horizontally 按钮▣,
将文字水平对齐,合成效果如图 1-2-39 所示。选中该文字图层,打开 Parent 栏下拉菜单,
在下拉菜单中选择 2. iphone8.png 选项,如图 1-2-40 所示,即可绑定图层的父子关系。

制作 App 产品
特点的效果

　　(11) 在时间轴面板中选中"丰富学习资源"文字层,将时间轴移至
0:00:01:16 位置,按 T 键,单击该图层 Opacity 左侧"码表"按钮▣,为该
图层的 Opacity 属性添加起始关键帧;将时间轴移至 0:00:02:01 位置,设置
Opacity 的数值为 0%,将自动生成透明度变化的动画效果,如图 1-2-41 所示。
　　(12) 在时间轴面板中选中"丰富学习资源"文字层,按 Ctrl+D 组合
键,复制创建一个"丰富学习资源 2"文字层,将时间轴移至 0:00:02:01 位置,按 [键,
可自动将素材的起始时间更改为 0:00:02:01。在 Effects & Presets 面板中展开 Animation
Presets 预设效果组,继续展开 Text 预设效果组,再继续展开 Animate In 预设效果组,查

找 Random Fade Up 预设效果，然后双击该效果，如图 1-2-42 所示，可为该文字层添加文字动画预设特效。继续选中该图层，按 U 键，显示该图层的所有关键帧。将时间轴移至 0:00:02:11 位置，将 Start 属性的第 2 个关键帧移至 0:00:02:11 位置，如图 1-2-43 所示。将时间轴移至 0:00:03:02 位置，选中该图层的 Opacity 属性，可将 Opacity 属性中的两个关键帧同时选中，并将两个关键帧同时向 0:00:03:02 位置移动，使得 Opacity 属性的第 1 个关键帧位于 0:00:03:02 位置，并且"丰富学习资源 2"文字层的关键帧位置与"0401 丰富学习资源 .jpg"图层的关键帧位置相对应，如图 1-2-44 所示。

图 1-2-39　文字在 Composition 面板中的效果

图 1-2-40　绑定图层的父子关系

图 1-2-41　创建透明度变化的动画效果

图 1-2-42　添加文字预设动画

（13）在时间轴面板中选中"丰富学习资源 2"文字层，按 Ctrl+D 组合键，复制创建一个"丰富学习资源 3"文字层，将时间轴移至 0:00:03:12 位置，按 [键，可自动将素材的起始时间更改为 0:00:03:12。继续选中该图层，按 U 键，显示该图层的所有关键帧。将时间轴移至 0:00:04:07 位置，选中该图层的 Opacity 属性，可将 Opacity 属性中的两个关键帧同时选中，并将两个关键帧同时向 0:00:04:07 位置移动，使得 Opacity 属性的第 1 个关键帧位于 0:00:04:07 位置，并且"丰富学习资源 3"文字层的关键帧位置与"0401 丰富学习资源 .jpg"图层的关键帧位置相对应，如图 1-2-45 所示。选中"丰富学习资源 3"文字层，按 Ctrl+D 组合键，复制创建一个"丰富学习资源 4"文字层，将时间轴移至 0:00:04:17 位置，按 [键，可自动将素材的起始时间更改为 0:00:04:17。继续选中该图层，按 U 键，显示该图层的所有关键帧。"丰富学习资源 4"文字层的关键帧位置已与"0401 丰富学习资源 .jpg"图层的关键帧位置相对应，如图 1-2-46 所示。选中"丰富学习资源 4"文字层，按 Ctrl+D 组合键，复制创建一个"丰富学习资源 5"文字层，将时间轴移至 0:00:05:22 位置，按 [键，可自动将素材的起始时间更改为 0:00:05:22；选中"丰富学习资源 5"文字层，按 Ctrl+D 组合键，复制创建一个"丰富学习资源 6"文字层，将时间轴移至 0:00:07:02 位置，按 [键，可自动将素材的起始时间更改为 0:00:07:02，如图 1-2-47 所示。

图 1-2-43　修改 Start 属性中第 2 个关键帧的位置

图 1-2-44　移动"丰富学习资源 2"图层的透明度关键帧位置

（14）在时间轴面板中双击"丰富学习资源 2"文字层，修改图层的文字内容为"学习强国号"；双击"丰富学习资源 3"文字层，修改图层的文字内容为"视频学习"；双击"丰富学习资源 4"文字层，修改图层的文字内容为"在线答题"；双击"丰富学习资源 5"文字层，修改图层的文字内容为"学习积分"；双击"丰富学习资源 6"文字层，修改图层的文字内容为"强国运动"，如图 1-2-48 所示。Composition 面板效果如图 1-2-49 所示。

（15）在时间轴面板中选中 iphone8.png 图层，将时间轴移至 0:00:07:22 位置，按 T 键，单击该图层 Opacity 左侧"码表"按钮，为该图层的 Opacity 属性添加起始关键帧；

将时间轴移至 0:00:08:07 位置，设置 Opacity 的数值为 0%，将自动生成透明度变化的动画效果。在时间轴面板中选中"0401 丰富学习资源 .jpg"图层，将时间轴移至 0:00:08:07 位置，单击 Position 左侧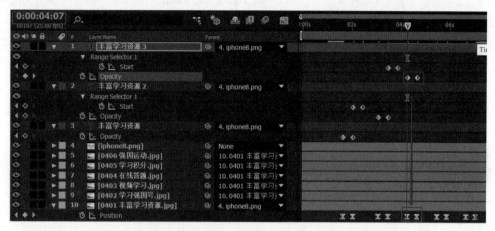按钮，将在不改变数值的基础上生成第 11 个关键帧，如图 1-2-50 所示；将时间轴移至 0:00:08:17 位置，设置 Position 的数值为 (-432.0,640.0)，如图 1-2-51 所示；按 Shift+S 组合键，将时间轴移至 0:00:08:07 位置，单击该图层 Scale 左侧"码表"按钮，为该图层的 Scale 属性添加起始关键帧；将时间轴移至 0:00:08:17 位置，设置 Scale 的数值为 (53.0,53.0%)，将自动生成缩放变化的动画效果，如图 1-2-52 所示。

图 1-2-45　移动"丰富学习资源 3"图层的透明度关键帧位置

图 1-2-46　移动"丰富学习资源 4"图层的透明度关键帧位置

图 1-2-47　移动"丰富学习资源 5"图层的透明度关键帧位置

图 1-2-48　修改各文字层的内容

图 1-2-49　时间轴在 0:00:05:02 位置的合成画面效果

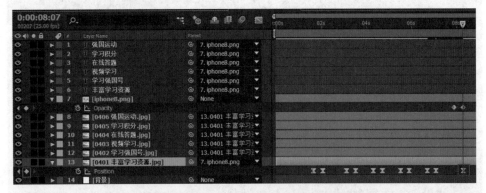

图 1-2-50　添加与上一个关键帧数值相同的关键帧

图 1-2-51　设置 Position 的参数数值

图 1-2-52　创建缩放的关键帧动画

（16）在时间轴面板中选中"强国运动"文字层，按 Ctrl+D 组合键，复制创建"强国运动 2"文字层，将时间轴移至 0:00:10:23 位置，按 [键，可自动将素材的起始时间更改为 0:00:10:23。双击"强国运动 2"文字层，修改文字层内容为"内容权威 特色鲜明 技术先进 广受欢迎"。继续选中该图层，按 U 键，显示该图层的所有关键帧，单击该图层 Opacity 左侧"码表"按钮，取消该图层的透明度动画效果；按 Shift+P 组合键，设置 Position 的数值为 (797.5,1400.0)，如图 1-2-53 所示。展开"内容权威……"文字层属性，继续展开该图层的 Text 属性中的 Animator 1 属性，再继续展开 Range Selector 1 属性中的 Advanced 属性，单击 Based On，在右侧菜单栏中选择 Words 选项；单击 Randomize Order 右侧的 On 按钮，将其设置变为 Off 命令；将时间轴移至 0:00:15:00 位置，将 Start 属性的第 2 个关键帧移至 0:00:15:00 位置，如图 1-2-54 所示。Composition 面板的画面效果如图 1-2-55 至图 1-2-58 所示。

图 1-2-53　设置 Position 的参数数值

图 1-2-54　修改图层的文字属性

图 1-2-55　时间轴在 0:00:11:24 位置的合成画面效果

图 1-2-56　时间轴在 0:00:12:24 位置的合成画面效果

图 1-2-57　时间轴在 0:00:13:24 位置的合成画面效果

图 1-2-58　时间轴在 0:00:15:00 位置的合成画面效果

任务 **1.3** App 产品的服务与下载

【任务描述】

App 产品的核心作用是服务用户，为用户解决需求问题。因此在产品介绍中，需要详细介绍产品所提供服务包含的内容，要实事求是、清晰、简洁、通俗易懂，绝不可为达到某种目的而夸大产品的作用和性能。这些都需要视频画面进行相应的配合，通过匹配合适的效果和节奏，在较短的时间里将内容信息传递给观众。

【任务要求】

在"App 产品的服务与下载"的制作中，主要应学会运用 Adjustment Layer（调整图层）、Magnify（放大）特效和简单的表达式，了解表达式的原理，掌握 Adjustment Layer、Magnify 特效的使用方式和参数设置方法，配合简单表达式的使用来完成制作"App 产品的服务与下载"任务。

【知识链接】

1. Adjustment Layer

Adjustment Layer 是一个控制层，它可以对其下方的所有图层产生影响，但不会对此控制层本身有任何的影响，对其上方的所有图层也不会产生作用。

在实际应用中，可以根据所需效果加入多个不同的 Adjustment Layer，这样可使每个效果在微调的同时，保证下方的原图层本身不受任何影响，随时可以重新调整。

2. Magnify 特效的介绍

Magnify 特效可以对图层的部分区域内容进行放大，这种放大是没有扭曲的直接放大。此效果是软件的内置效果，可以通过执行菜单栏中 Effect（效果）→ Distort（扭曲）→ Magnify（放大）命令进行设置。该特效的属性有 Shape（形状）、Center（中心）、Magnification（放大率）、Link（链接）、Size（大小）、Feather（羽化）、Opacity（不透明度）、Scaling（缩放）、Blending Mode（混合模式）、Resize Layer（调整图层大小），如图 1-3-1 所示。

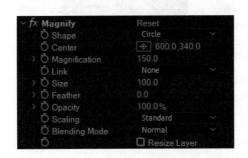

图 1-3-1　Magnify 特效的属性

3. 表达式的讲解

表达式是 AE 内部基于 Java Script 编程语言开发的编辑工具，可以把它理解为简单的编程。所有的表达式只能添加在 AE 里面可编辑动画关键帧的属性上。不是所有地方都需要表达式，所以在使用时要根据具体需求来选择使用关键帧，还是使用表达式。

当需要创建和链接复杂的动画，但想避免手动创建几十或几百个关键帧时，可以使用表达式。表达式是一小段代码，与脚本相似，但它会告诉属性执行某种操作，而非使用关键帧对属性进行动画制作，使用时将其插入图层的属性中，以便在特定时间点为单个图层属性计算单个值。

通过表达式可以节省时间和快速创建动画、链接不同的属性、创建运动信息图、控制多个图层以创建复杂动画、创建动画图形和图表、保存和重用表达式等。

为某图层属性添加表达式，需要按住 Alt 键，单击图层属性左侧的"码表"按钮，可在时间轴右侧进行表达式的添加，如图 1-3-2 所示。添加表达式时需特别注意，要在英文输入状态下进行，即不能使用中文标点符号，如图 1-3-3 所示。

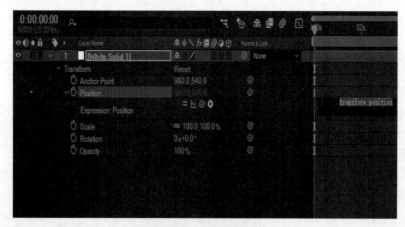

图 1-3-2　添加表达式

图 1-3-3　输入表达式正确与错误的区别

表达式激活后同时出现了 4 个表达式工具：表达式开关，用于打开或关闭表达式效果；表达式图表，用于查看表达式数据变化曲线，结合图标编辑器一起打开；表达式关联器，用于连接属性；表达式语言菜单，用于调用 AE 内置表达式。

常用的表达式有 time 表达式（时间表达式）、wiggle 表达式（抖动/摆动表达式）、index 表达式（索引表达式）、random 表达式（随机表达式）、loopOut 表达式（循环表达式)、timeRemap 表达式(抽帧表达式)、linear 表达式(线性表达式)、Other Math 表达式（角度弧度表达式）等。

【任务实施】

1. 制作 App 服务与功能的效果

（1）在 Project 面板中选中 comps 文件夹，按 Ctrl+N 组合键，通过打开的合成设置对话框，设置 Composition Name 为"学习强国 05"，Preset 选择 HDTV 1080 25，合成默认设置 Width 为 1920 px，Height 为 1080 px，Frame Rate 为 25，并设置 Duration 为 0:00:25:00，单击 OK 按钮，将会在 Project 面板的 comps 文件夹中生成一个名为"学习强国 05"的合成项目。

制作 App 服务
与功能的效果 1

在 Project 面板中，用鼠标将 OS 文件夹中的"学习强国 App 配音 _05.mp3"素材拖拽到时间轴面板"学习强国 05"中。

（2）单击时间轴面板中"学习强国 04"的合成项目面板，可从"学习强国 05"的合成项目面板切换至"学习强国 04"的合成项目面板。选择"学习强国 04"合成项目面板中的"背景"图层，再按 Ctrl+C 组合键，单击时间轴面板中"学习强国 05"的合成项目面板，可从"学习强国 04"的合成项目面板切换至"学习强国 05"的合成项目面板。在时间轴面板"学习强国 05"的合成项目面板中按 Ctrl+V 组合键，将"学习强国 04"合成项目面板中的"背景"图层复制至"学习强国 05"的合成项目面板中，如图 1-3-4 所示。

图 1-3-4 在"学习强国 05"面板中粘贴"背景"图层

（3）在 Project 面板中选中 comps 文件夹，按 Ctrl+N 组合键，通过打开的合成设置对话框，设置 Composition Name 为"05 图片"，Preset 选择 Custom（自定义），合成设置 Width 为 5250 px，Height 为 1334 px，Frame Rate 为 25，并设置 Duration 为 0:00:25:00，单击 OK 按钮，将会在 Project 面板的 comps 文件夹中生成一个名为"05 图片"的合成项目。在 Project 面板中展开 pictures 文件夹中的 05 文件夹，按 Shift 键，同时单击"0501 推荐 .jpg"素材和"0507 学习板块频道 .jpg"素材，即可选中 05 文件夹中的 7 张图片，将 7 张图片素材同时拖至时间轴"05 图片"面板中，如图 1-3-5 所示。

（4）选择"0501 推荐 .jpg"图层，在 Align 面板中单击 Align Left 按钮，将图片放置在 Composition 面板的左侧，如图 1-3-6 所示。选择"0507 学习板块频道 .jpg"图片，在 Align 面板中单击 Align Right 按钮，将图片放置在 Composition 面板的右侧，如图 1-3-7 所示，Composition 面板效果如图 1-3-8 所示。

（5）在时间轴面板中按 Ctrl+A 组合键，即可选中时间轴面板中的所有图层。在 Align 面板中单击 Distribute Horizontally（水平分布）按钮，如图 1-3-9 所示，可将 7 个图层在 Composition 面板中依次水平分布排列，Composition 效果如图 1-3-10 所示。

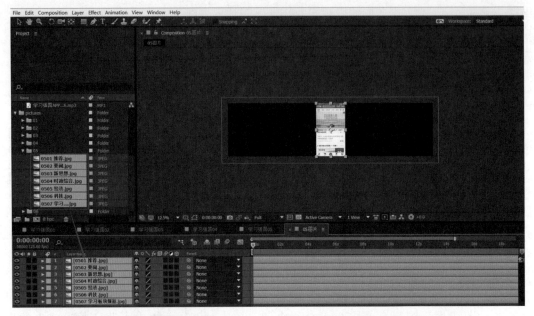

图 1-3-5　移动 05 文件夹中的所有素材至时间轴面板中

图 1-3-6　将图片左对齐

图 1-3-7　将图片右对齐

图 1-3-8　Composition 面板效果

图 1-3-9　将图层水平分布

图 1-3-10　Composition 面板效果

（6）在 Project 面板中选中 comps 文件夹，按 Ctrl+N 组合键，通过打开的"合成设置"对话框，设置 Composition Name 为"05 手机"，Preset 选择 Custom，合成设置 Width 为 1600 px，Height 为 1600 px，Frame Rate 为 25，并设置 Duration 为 0:00:25:00，单击 OK 按钮，将会在 Project 面板的 comps 文件夹中生成一个名为"05 手机"的合成项目。在 Project 面板中选择 02 文件夹中的 iphone8.png 素材，将该素材拖至时间轴"05 手机"面板中；选择 comps 文件夹中的"05 图片"合成项目，将该合成项目拖至时间轴"05 手机"面板的底层，如图 1-3-11 所示。

图 1-3-11　将素材放置在时间轴"05 手机"面板中

（7）在时间轴面板中选择"05 图片"合成层。按 S 键，设置 Scale 的数值为 (64.0,64.0%)；按 P 键，设置 Position 的数值为 (2240.0,800.0)；将时间轴移至 0:00:02:00 位置，单击该图层 Position 左侧"码表"按钮，为该图层的 Position 属性添加起始关键帧；将时间轴移至 0:00:02:10 位置，设置 Position 的数值为 (1760.0,800.0)，将自动生成第 2 个关键帧；将时间轴移至 0:00:03:15 位置，单击 Position 左侧按钮，将在不改变数值的基础上生成第 3 个关键帧；将时间轴移至 0:00:04:00 位置，设置 Position 的数值为 (1280.0,800.0)，将自动生成第 4 个关键帧；将时间轴移至 0:00:05:05 位置，单击 Position 左侧按钮，将在不改变数值的基础上生成第 5 个关键帧；将时间轴移至 0:00:05:15 位置，设置 Position 的数值为 (800.0,800.0)，将自动生成第 6 个关键帧；将时间轴移至 0:00:06:20 位置，单击 Position 左侧按钮，将在不改变数值的基础上生成第 7 个关键帧；将时间轴移至 0:00:07:05 位置，设置 Position 的数值为 (320.0,800.0)，将自动生成第 8 个关键帧；将时间轴移至 0:00:08:10 位置，单击 Position 左侧按钮，将在不改变数值的基础上生成第 9 个关键帧；将时间轴移至 0:00:08:20 位置，设置 Position 的数值为 (-160.0,800.0)，将自动生成第 10 个关键帧；将时间轴移至 0:00:15:10 位置，单击 Position 左侧按钮，将在不改变数值的基础上生成第 11 个关键帧；将时间轴移至 0:00:15:20 位置，设置 Position 的数值为 (-640.0,800.0)，将自动生成第 12 个关键帧；选中该图层的 Position 属性，即可选中 Position 属性上的 12 个关键帧，按 F9 键，执行 Easy Ease 命令，如图 1-3-12 所示。

图 1-3-12　创建关键帧动画并设置动画的缓动效果

（8）在 Project 面板中选中 05 文件夹中的"0501 推荐 .jpg"素材，将该素材拖至时间轴面板的 iphone8.png 图层下方。选中"0501 推荐 .jpg"图层，按 S 键，设置 Scale 的数值为 (64.0,64.0%)，如图 1-3-13 所示。选中"05 图片"合成层，打开 TrkMat 栏下拉菜单，选择 Alpha，如图 1-3-14 所示，可把"05 图片"显示的画面区域匹配成与"0501 推荐 .jpg"图层的大小一致，合成效果如 1-3-15 所示。

图 1-3-13　设置素材的变换数值

图 1-3-14　添加轨道蒙版

图 1-3-15　Composition 面板效果

（9）单击时间轴面板中"学习强国 05"的合成项目面板，可从"05 手机"的合成项目面板切换至"学习强国 05"的合成项目面板。在 Project 面板中选择 comps 文件夹中的"05 手机"合成项目，将该合成项目拖至时间轴"学习强国 05"合成项目面板的顶层，如图 1-3-16 所示。

图 1-3-16　切换合成项目面板并放置素材至 Composition 面板中

（10）在时间轴面板中选择"05 手机"合成层。按 P 键，设置 Position 的数值为 (960.0,1770.0)，将时间轴移至 0:00:00:00 位置，单击该图层 Position 左侧"码表"按钮 🕐，为该图层的 Position 属性添加起始关键帧；将时间轴移至 0:00:00:20 位置，设置 Position 的数值为 (960.0,770.0)，将自动生成关键帧动画；选中该图层的 Position 属性，即可选中

Position 属性上的两个关键帧，按 F9 键，执行 Easy Ease 命令，如图 1-3-17 所示。

图 1-3-17　创建关键帧动画并设置动画的缓动效果

（11）在时间轴面板中展开"学习强国 App 配音 _05.mp3"音频层，显示该音频层的音波。按 Ctrl+T 组合键，在合成面板中输入文字内容"政治"。双击"政治"文字层，即可选中"政治"文字，在 Character 面板中设置文字字体为思源黑体 CN，字体风格为 Medium，字体大小为 60 px，字体颜色为黑色，合成效果如图 1-3-18 所示。按 P 键，显示文字层的 Position 属性，按 Alt 键，同时单击 Position 左侧"码表"按钮，即可在时间轴右侧输入表达式的内容，如图 1-3-19 所示。表达式内容如下：

wiggle(1, 40)

输入表达式后的界面如图 1-3-20 所示，为文字层的 Position 属性添加一个表达式，可将文字制作成晃动的动画效果。

图 1-3-18　创建文字并设置文字属性

图 1-3-19　添加表达式和表达式的输入区域

图 1-3-20　输入表达式的内容

（12）选中时间轴面板中"政治"文字层，按 T 键，设置 Opacity 的数值为 0%，将时间轴移至 0:00:04:22 位置，按 [键，可自动将素材的起始时间更改为 0:00:04:22。单击 Opacity 左侧"码表"按钮，创建透明度的起始关键帧；将时间轴移至 0:00:05:17 位置，设置 Opacity 的数值为 20%，自动生成透明度关键帧动画，如图 1-3-21 所示。

图 1-3-21　创建透明度关键帧动画

（13）选中时间轴面板中"政治"文字层，按 Ctrl+D 组合键 5 次，复制 5 个"政治"文字层。选中"政治 2"文字层，将时间轴移至 0:00:05:17 位置，按 [键，可自动将素材的起始时间更改为 0:00:05:17；选中"政治 3"文字层，将时间轴移至 0:00:06:16 位置，按 [键，可自动将素材的起始时间更改为 0:00:06:16；选中"政治 4"文字层，将时间轴移至 0:00:07:15 位置，按 [键，可自动将素材的起始时间更改为 0:00:07:15；选中"政治 5"文字层，将时间轴移至 0:00:08:15 位置，按 [键，可自动将素材的起始时间更改 0:00:08:15；选中"政治 6"文字层，将时间轴移至 0:00:09:09 位置，按 [键，可自动将素材的起始时间更改为 0:00:09:09，如图 1-3-22 所示。

图 1-3-22　修改各文字层的起始时间

（14）在时间轴面板中双击"政治 2"文字层，即可选中"政治 2"文字层的文字内容，输入文字内容"历史"，即可将时间轴面板和 Composition 面板的文字内容替换；双击"政治 3"文字层，输入文字内容"文化"；双击"政治 4"文字层，输入文字内容"科学"；双击"政治 5"文字层，输入文字内容"军事"；双击"政治 6"文字层，输入文字内容"艺术"，如图 1-3-23 所示。按 V 键，切换移动工具，可分别在合成面板中移动各个文字层的位置，Composition 面板的效果如图 1-3-24 所示。

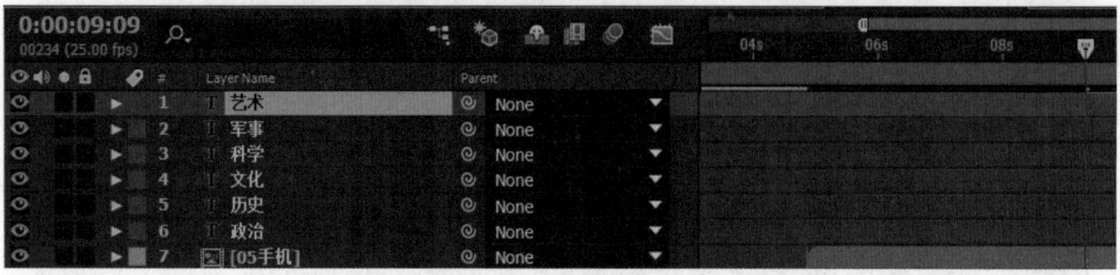

图 1-3-23　修改文字内容

图 1-3-24　Composition 面板中移动文字后的效果

（15）在时间轴面板中将时间轴移至 0:00:10:06 位置，按 Shift 键，同时单击"艺术"文字层和"政治"文字层，即可同时选择时间线面板中的 6 个文字层，按 T 键，显示 6 个文字层的 Opacity 属性，单击 Opacity 左侧 ◆ 按钮，将在不改变数值的基础上生成第 3 个关键帧。将时间轴移至 0:00:11:01 位置，在 6 个文字层中的任意一个图层的 Opacity 属性中设置 Opacity 的数值为 0%，为各文字层生成第 4 个关键帧，如图 1-3-25 所示。

图 1-3-25　添加各个文字层的透明度关键帧

（16）在时间轴位于 0:00:11:01 的位置选中时间轴面板的"05 手机"合成层，按 P 键，显示 Position 属性，单击 Position 左侧 ◆ 按钮，将在不改变数值的基础上生成第 3 个关键帧。按 Shift+S 组合键，同时显示 Scale 属性，单击 Scale 左侧"码表"按钮 ◎，创建缩放的起始关键帧；将时间轴移至 0:00:11:11 位置，设置 Position 的数值为 (649.0,540.0)，设置 Scale 的数值为 (80.0,80.0%)，选中该图层的 Scale 属性，即可选中 Scale 属性上的两个关键帧，按 F9 键，执行 Easy Ease 命令，如图 1-3-26 所示。

图 1-3-26　创建关键帧动画并设置动画的缓动效果

（17）在 Project 面板中选中 comps 文件夹，按 Ctrl+N 组合键，通过打开的"合成设置"

对话框，设置 Composition Name 为"05 文字 1"，Preset 选择 Custom，合成设置 Width 为 400 px，Height 为 200 px，Frame Rate 为 25，并设置 Duration 为 0:00:25:00，单击 OK 按钮，将会在 Project 面板的 comps 文件夹中生成一个名为"05 文字 1"的合成项目。

（18）按 Ctrl+Y 组合键，新建一个名为"红底"的纯色层，如图 1-3-27 所示。选中"红底"图层，按 Ctrl+T 组合键，在合成面板输入文字内容"海量"。双击"海量"文字层，即可选中"海量"文字，在 Character 面板中设置文字字体为思源黑体 CN，字体风格为 Medium，字体大小为 150 px，字体的间距为 100，字体颜色为黑色，如图 1-3-28 所示。在 Paragraph 面板中单击 Center text 选项，将文字以中心点排列。在 Align 面板中单击 Align Horizontally 按钮和 Align Vertically 按钮，将文字水平、垂直居中对齐，即把文字置于 Composition 面板的中心位置。选择"红底"图层，打开 TrkMat 栏下拉菜单，选择"Alpha Inverted Matte" 海量""，如图 1-3-29 所示，为图层添加反向轨道蒙版。单击 Composition 面板下方的"透明选项"按钮，合成效果如图 1-3-30 所示。

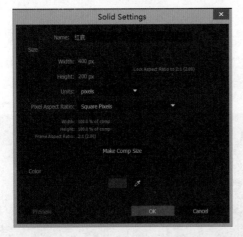

图 1-3-27　新建"红底"纯色层

图 1-3-28　设置字体的属性

图 1-3-29　添加反向轨道蒙版

图 1-3-30　合成效果

（19）在 Project 面板中选中"05 文字 1"合成项目，按 Ctrl+D 组合键两次，分别复制"05 文字 2"与"05 文字 3"合成项目。双击"05 文字 2"合成项目,可从"05 文字 1"的合成项目面板切换至"05 文字 2"合成项目面板,再双击时间轴面板的"海量"文字层,修改文字内容为"免费",如图 1-3-31 所示;双击"05 文字 3"合成项目,可从"05 文字 2"

合成项目面板切换至"05 文字 3"合成项目面板,再双击时间轴面板的"海量"文字层,修改文字内容为"优质",如图 1-3-32 所示。

图 1-3-31 修改"05 文字 2"合成项目面板中的文字内容

图 1-3-32 修改"05 文字 3"合成项目面板中的文字内容

(20)单击时间轴面板中"学习强国 05"的合成项目面板。在 Project 面板中同时选中"05 文字 1""05 文字 2"和"05 文字 3"合成项目,将 3 个项目同时拖至时间轴面板中的"背景"图层上方。在时间轴位于 0:00:11:11 的位置按 [键,可自动将 3 个文字合成的起始时间更改为 0:00:11:11。按 S 键,设置 3 个文字合成的 Scale 数值为 (80.0,80.0%),如图 1-3-33 所示。将时间轴移至 0:00:12:06 位置,按 P 键,可同时显示 3 个文字合成的 Position 属性,设置"05 文字 1"合成层的 Position 数值为 (1250.0,340.0),单击该图层 Position 左侧"码表"按钮 🖫,创建位置的关键帧;设置"05 文字 2"合成层的 Position 数值为 (1250.0, 540.0),单击该图层 Position 左侧"码表"按钮 🖫,创建位置的关键帧;设置"05 文字 3"合成层的 Position 数值为 (1250.0,740.0),单击该图层 Position 左侧"码表"按钮 🖫,创建位置的关键帧,如图 1-3-34 所示。将时间轴移至 0:00:11:11 位置,设置"05 文字 1"合成层的 Position 数值为 (700.0,340.0),设置"05 文字 2"合成层的 Position 数值为 (700.0.0,540.0),设置"05 文字 3"合成层的 Position 数值为 (700.0,740.0)。分别选中 3 个文字合成层的 Position 属性,即可分别选中 Position 属性的两个关键帧,按 F9 键,执行 Easy Ease 命令,如图 1-3-35 所示,Composition 面板效果如图 1-3-36 所示。

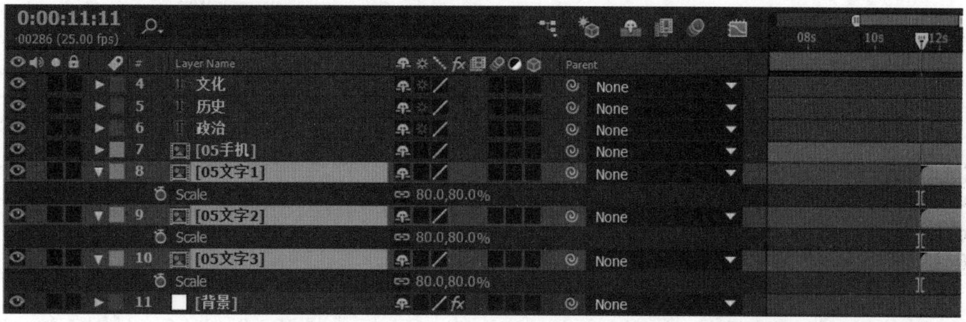

图 1-3-33 设置 3 个文字合成层的起始时间和缩放的参数

图 1-3-34　设置 3 个文字合成层的 Position 参数并创建位置的关键帧

图 1-3-35　创建关键帧动画并设置动画的缓动效果

（21）在时间轴面板中选择"05 文字 2"合成层，将时间轴移至 0:00:11:21 位置，按 [键，可自动将文字合成层的起始时间更改为 0:00:11:21；选择"05 文字 3"合成层，将时间轴移至 0:00:12:06 位置，按 [键，可自动将文字合成层的起始时间更改为 0:00:12:06，合成效果如图 1-3-37 所示。

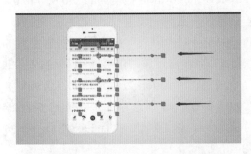

图 1-3-36　Composition 面板效果

图 1-3-37　时间轴在 0:00:12:11 位置的
Composition 画面效果

制作 App 服务
与功能的效果 2

（22）在时间轴面板的顶层新建一个调整图层，执行 Layer → New → Adjustment Layer 命令，如图 1-3-38 所示。在时间轴面板的顶层生成 Adjustment Layer 1 图层，选中该图层，按 Enter 键，将其重命名为"放大镜"，如图 1-3-39 所示，在该图层上添加 Magnify 效果，可放大画面。在 Effects & Presets 面板中展开 Distort 特效组，双击 Magnify 特效，如图 1-3-40 所示。在 Effect Controls 面板中修改 Magnify 特效参数，将 Center 的数值设置为 (508.0,340.0)，将 Magnification 的数值设置为 200.0，将 Size 的数值设置为 150.0，如图 1-3-41 所示。

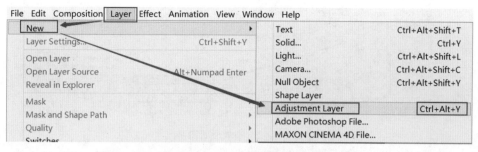

图 1-3-38　新建调整图层

图 1-3-39　将调整图层重命名

图 1-3-40　添加 Magnify 特效

图 1-3-41　设置 Magnify 特效的参数

（23）执行菜单栏中的 Layer → New → Shape Layer 命令，如图 1-3-42 所示，在时间轴面板上创建一个名为 Shape Layer 1 的形状图层，单击形状图层左侧▶按钮，展开图层属性设置。单击 Contents 属性中 Add 右侧的 ⚫ 按钮，选择 Ellipse（椭圆），如图 1-3-43 所示。继续单击 Contents 属性中 Add 右侧的 ⚫ 按钮，选择 Stroke（描边），如图 1-3-44 所示。选择工具栏中的 Stroke 选项命令，在弹出的界面中单击"颜色"按钮，在弹出的 Shape Stroke Color 对话框中设置描边颜色为 HSB(5%,100%,70%)，如图 1-3-45 所示，设置 Stroke Width 的数值为 20 px，如图 1-3-46 所示。

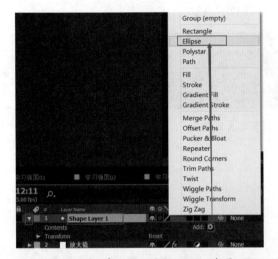

图 1-3-42 添加形状图层

图 1-3-43 在形状上添加 Ellipse 选项

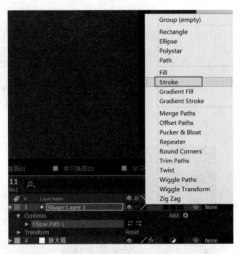

图 1-3-44 在形状上添加 Stroke 选项

图 1-3-45 设置描边的颜色

图 1-3-46 设置描边的大小

（24）在时间轴面板中选择 Shape Layer 1 的形状图层，继续展开该图层属性中 Ellipse
Path 1 的属性，再选择时间轴面板中的"放大镜"图层，如图 1-3-47 所示。单击 Shape
Layer 1 图层中 Size 属性右侧的"链接"按钮 ⊙ ，将其链接至 Effect Controls 面板中的
"放大镜"图层的 Size 选项上，如图 1-3-48 所示，即可将 Shape Layer 1 的形状图层的大
小匹配至"放大镜"图层的 Size 大小，如图 1-3-49 所示；单击 Size 属性左侧 ▶ 按钮，继
续展开 Size 属性，单击 Size 右侧表达式文字的区域，即可在时间轴右侧修改表达式的内容，
如图 1-3-50 所示。表达式内容如下：

```
temp = thisComp.layer(" 放大镜 ").effect("Magnify")("Size") * 2;
[temp, temp]
```

修改表达式内容的界面如图 1-3-51 所示。可在原先设定大小的基础上将椭圆的大小扩大两倍，如图 1-3-52 所示。选择 Shape Layer 1 的形状图层，按 P 键，显示该图层的 Position 属性，再选择时间轴面板中的"放大镜"图层，单击 Shape Layer 1 图层中 Position 属性右侧的"链接"按钮 ，将其链接至 Effect Cortrols 面板中的"放大镜"图层的 Center 选项上，如图 1-3-53 所示，即可将 Shape Layer 1 的形状图层的位置同步于"放大镜"图层的位置，如图 1-3-54 所示。合成效果如图 1-3-55 所示。

图 1-3-47　展开图层属性并选择"放大镜"图层

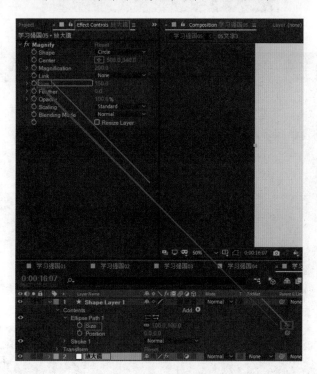

图 1-3-48　链接 Size 选项

图 1-3-49　匹配至"放大镜"图层的大小

图 1-3-50　输入表达式内容的区域

图 1-3-51　修改表达式的内容

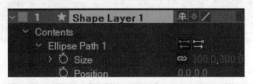

图 1-3-52　将椭圆大小扩大两倍

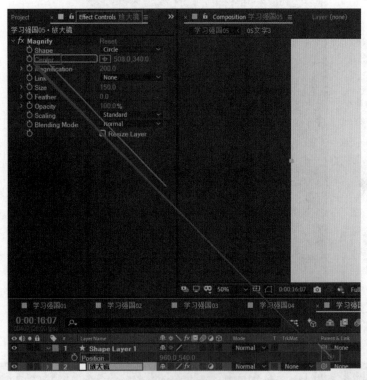

图 1-3-53　链接 Center 选项

图 1-3-54　匹配至"放大镜"图层的位置

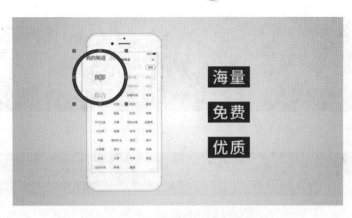

图 1-3-55 Composition 面板的效果

（25）选中时间轴面板中的"放大镜"图层，将时间轴移至 0:00:15:21 位置，在 Effect Controls 面板中单击 Center 左侧"码表"按钮，创建 Center 的关键帧，如图 1-3-56 所示。在时间轴面板中选择"放大镜"图层，按 U 键，显示图层的关键帧。将时间轴移至 0:00:15:11 位置，设置 Center 的数值为 (508.0,-200.0)，选中"放大镜"图层的 Center 属性，即可选中 Center 属性的两个关键帧，按 F9 键，执行 Easy Ease 命令，如图 1-3-57 所示。将时间轴移至 0:00:17:01 位置，单击 Center 左侧◆按钮，将在不改变数值的基础上生成第 3 个关键帧；将时间轴移至 0:00:17:11 位置，设置 Center 的数值为 (600.0,340.0)，自动生成第 4 个关键帧；将时间轴移至 0:00:17:23 位置，单击 Center 左侧◆按钮，将在不改变数值的基础上生成第 5 个关键帧；将时间轴移至 0:00:18:08 位置，设置 Center 的数值为 (696.0,340.0)，自动生成第 6 个关键帧；将时间轴移至 0:00:19:01 位置，单击 Center 左侧◆按钮，将在不改变数值的基础上生成第 7 个关键帧；将时间轴移至 0:00:19:11 位置，设置 Center 的数值为 (508.0,390.0)，自动生成第 8 个关键帧；将时间轴移至 0:00:20:10 位置，单击 Center 左侧◆按钮，将在不改变数值的基础上生成第 9 个关键帧；将时间轴移至 0:00:20:20 位置，设置 Center 的数值为 (696.0,494.0)，自动生成第 10 个关键帧；将时间轴移至 0:00:21:05 位置，单击 Center 左侧◆按钮，将在不改变数值的基础上生成第 11 个关键帧；将时间轴移至 0:00:21:15 位置，设置 Center 的数值为 (602.0,544.0)，自动生成第 12 个关键帧；将时间轴移至 0:00:22:02 位置，单击 Center 左侧◆按钮，将在不改变数值的基础上生成第 13 个关键帧；将时间轴移至 0:00:24:24 位置，设置 Center 的数值为 (602.0,852.0)，自动生成第 14 个关键帧，如图 1-3-58 所示。合成效果如图 1-3-59 和图 1-3-60 所示。

图 1-3-56 创建 Center 的关键帧

图 1-3-57　创建关键帧动画并设置动画的缓动效果

图 1-3-58　创建 14 个关键帧

图 1-3-59　时间轴在 0:00:18:08 位置的 Composition 面板效果

图 1-3-60　时间轴在 0:00:24:24 位置的 Composition 面板效果

2. 制作 App 搜索与下载的效果

制作 App 搜索
与下载的效果

　　（1）在 Project 面板中选中 comps 文件夹，再按 Ctrl+N 组合键，通过打开的"合成设置"对话框，设置 Composition Name 为"学习强国 06"，Preset 选择 HDTV 1080 25，合成默认设置 Width 为 1920 px，Height 为 1080 px，Frame Rate 为 25，并设置 Duration 为 0:00:10:00，单击 OK 按钮，

将会在 Project 面板的 comps 文件夹中生成一个"学习强国 06"的合成项目。在 Project 面板中，将 OS 文件夹中的"学习强国 App 配音 _06.mp3"素材拖拽到时间轴面板"学习强国 06"中。

（2）单击时间轴面板中"学习强国 05"的合成项目面板，可从"学习强国 06"的合成项目面板切换至"学习强国 05"的合成项目面板。选择"学习强国 05"合成项目面板中的"背景"图层，按 Ctrl+C 组合键，单击时间轴面板中"学习强国 06"的合成项目面板，可从"学习强国 05"的合成项目面板切换至"学习强国 06"的合成项目面板。在时间轴面板"学习强国 06"合成项目面板中按 Ctrl+V 组合键，将"学习强国 05"合成项目面板中的"背景"图层复制至"学习强国 06"的合成项目面板中，如图 1-3-61 所示。

图 1-3-61　在"学习强国 06"合成项目面板中粘贴"背景"图层

（3）按 Ctrl+T 组合键，切换文字工具，单击 Composition 面板的中心位置，输入文字"梦想从学习开始 事业从实践起步"。在 Character 面板中设置文字字体为思源黑体 CN，字体风格为 Medium，字体大小为 60 px，字间距为 0，字体颜色为黑色；在 Paragraph 面板中单击 Center text 选项，将文字以中心点排列；在 Align 面板中单击 Align Horizontally 按钮和 Align Vertically 按钮，将文字水平、垂直居中对齐，即把文字置于 Composition 面板的中心位置。合成效果如图 1-3-62 所示。

图 1-3-62　合成效果

（4）在时间轴面板中选择音频层，按两次 L 键，展开音频层的音波效果。单击"梦想"文字层左侧▶按钮，展开"梦想"文字层属性，单击 Text 属性中 Animate 右侧◉按钮，如图 1-3-63 所示，在弹出的列表中选择 Tracking 选项，如图 1-3-64 所示。将时间轴移至 0:00:00:00 位置，单击 Tracking Amount 左侧"码表"按钮◎，添加起始关键帧；将时间轴移至 0:00:05:00 位置，设置 Tracking Amount 的数值为 20，创建关键帧动画，如图 1-3-65 所示。

在 Project 面板中选择 comps 文件夹中的"05 手机"合成项目，按 Ctrl+D 组合键，复制创建一个"05 手机 2"合成项目，按 Enter 键，将"05 手机 2"重命名为"06 手机"，双击"06 手机"合成项目，时间轴面板将切换至"06 手机"合成项目面板。在时间轴面板中分别选择"0501 推荐 .jpg"图层和"05 图片"合成层，按 Delete 键，删除两个图层。在 Project 面板中展开 pictures 文件夹中的 06 文件夹，选择"0601 App 封面 .mp4"视频素材，将其拖至时间轴面板的底层。选择"0601 App 封面 .mp4"视频层，按 S 键，设置 Scale 的数值为 (64.0,64.0%)。选中时间轴面板的"0601 App 封面 .mp4"视频层，右击，从展开的快捷菜单中选择 Time 选项中的 Enable Time Remapping 选项，如图 1-3-66 所示，将视频启用时间重新映射，即可延长该视频层的时长，将该层的时长延长至与 iPhone8.png 图层时长一致，如图 1-3-67 所示。

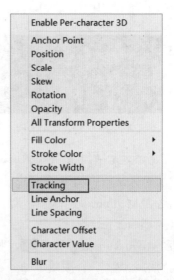

图 1-3-63　单击 Animate 右侧的按钮　　　　　　图 1-3-64　选择 Tracking 选项

图 1-3-65　创建字体的动画效果

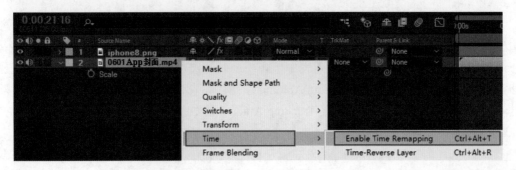

图 1-3-66　启用时间重新映射

（5）单击时间轴面板中"学习强国 06"的合成项目面板，可从"06 手机"的合成项目面板切换至"学习强国 06"的合成项目面板。在 Project 面板中选择 comps 文件夹中的"06 手机"合成项目，将其从 Project 面板拖拽到时间轴面板"学习强国 06"的顶层。按 S 键，设置 Scale 的数值为 (80.0,80.0%)，按 P 键，设置 Position 的数值为 (2300.0,540.0)。将时间轴移至 0:00:04:15 位置，单击 Position 左侧"码表"按钮 ，添加位置的起始关键帧；将时间轴移至 0:00:05:00 位置，设置 Position 的数值为 (540.0,540.0)，选中该图层的 Position 属性，即可选中 Position 属性上的两个关键帧，按 F9 键，执行 Easy Ease 命令，如图 1-3-68 所示。

图 1-3-67　延长视频的时长

图 1-3-68　创建关键帧动画并设置动画的缓动效果

（6）选择时间轴面板中"梦想"文字层，将时间轴移至 0:00:04:16 位置，此时在 Composition 面板中，手机是位于画框右侧以外的位置。按 Ctrl+Y 组合键，新建一个名为 matte 1 并与"学习强国 06"合成项目大小一致的白色纯色层。选中时间轴面板中"梦想"文字层，打开 TrkMat 栏下拉菜单，选择 Alpha Matte；选中 matte 1 图层，打开 Parent 栏下拉菜单，在下拉菜单中选择"1.06 手机"选项，如图 1-3-69 所示。选择 matte 1 图层，按 S 键，设置 Scale 的数值为 (160.0,160.0%)，手机界面跟随文字的效果更贴合，Composition 面板效果如图 1-3-70 所示。

图 1-3-69　创建轨道蒙版和绑定父子关系

图 1-3-70　在 0:00:04:22 位置的 Composition 面板效果

（7）在 Project 面板中选择 06 文件夹中的"搜索框 .png"素材，将其拖至时间轴面板的顶层。将时间轴移至 0:00:05:00 位置，按 [键，可自动将素材的起始时间更改为 0:00:05:00。按 Ctrl+T 组合键，切换文字工具，单击 Composition 面板的搜索框，输入文字"学习强国"；在 Character 面板中设置文字字体为思源黑体 CN，字体风格为 Medium，字体大小为 60 px，字间距为 0，字体颜色为黑色；在 Paragraph 面板中单击 Center text 选项，将文字以中心点排列。选中"学习强国"文字层，按 [键，可自动将素材的起始时间更改为 0:00:05:00。按 Ctrl 键，并同时单击"学习强国"文字层和"搜索框 .png"图层，即可同时选中"学习强国"文字层和"搜索框 .png"图层，如图 1-3-71 所示。在 Align 面板中单击 Align Horizontally 按钮█和 Align Vertically 按钮██，将文字和搜索框同步进行排列，合成效果如图 1-3-72 所示。选择"学习强国"文字层，打开 Parent 栏下拉菜单，在下拉菜单中选择"2. 搜索框 .png"选项，如图 1-3-73 所示。

图 1-3-71　同时选中两个图层

图 1-3-72　Composition 面板的效果

图 1-3-73　绑定父子关系

（8）在时间轴面板中将时间轴移至 0:00:05:00 位置。选择"搜索框 .png"图层，按 P 键，设置 Position 的数值为 (1300.0,450.0)，在 Effects & Presets 面板中展开 Transition 特效组，双击 Linear Wipe 特效，在 Effect Controls 面板中修改 Linear Wipe 特效参数，设置 Wipe Angle 的数值为 (0×-90.0°)，设置 Feather 的数值为 50.0，设置 Transition Completion 的数值为 100%，单击 Transition Completion 左侧"码表"按钮█，如图 1-3-74 所示，创建起始关键帧；将时间轴移至 0:00:05:10 位置，设置 Transition Completion 的数值为 0%，自动生成关键帧动画效果。选择"搜索框 .png"图层，按 U 键，即可显示图层上所有的关键帧，选中该图层的 Transition Completion 属性，即可选中 Transition Completion 属性上的两个关键帧，按 F9 键，执行 Easy Ease 命令，如图 1-3-75 所示。

（9）在时间轴面板中选择"学习强国"文字层。在 Effects & Presets 面板中展开 Animation Presets 预设效果组，继续展开 Text 预设效果组，再继续展开 Animate In 预设效果组，查找 Typewriter 预设效果，然后双击该效果，如图 1-3-76 所示，可为该文字层添加文字动画预设特效。在 Project 面板中选择 06 文件夹中的"打字音效"素材,将其拖至时间轴面板"搜索框 .png"图层的下方。将时间轴移至 0:00:07:12 位置,继续选择"学习强国"文字层,按 U 键,即可显示图层上所有的关键帧,将该图层的第 2 个关键帧移至 0:00:07:12 位置,如图 1-3-77 所示,与"打字音效"进行匹配。

图 1-3-74　设置 Linear Wipe 特效参数并创建起始关键帧

图 1-3-75　设置关键帧动画的缓动效果

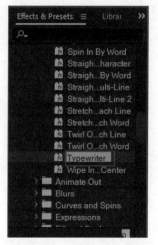

图 1-3-76　添加 Typewriter 预设效果

图 1-3-77　修改第 2 个关键帧的位置

(10)按 Ctrl+T 组合键,切换文字工具,单击 Composition 面板的搜索框下方位置,输入文字 www.xuexi.cn;在 Character 面板中,设置文字字体为思源黑体 CN,字体风格为 Medium，字体大小为 48 px，字间距为 0，字体颜色为黑色；在 Paragraph 面板中单击 Center text 选项，将文字以中心点排列。选择时间轴面板中 www.xuexi.cn 文字层，按 P 键，设置 Position 的数值为 (1300.0,600.0)。将时间轴移至 0:00:05:10 位置，按 [键，可自动将素材的起始时间更改为 0:00:05:10。按 T 键，设置 Opacity 的数值为 0%，单击 Opacity 左侧"码表"按钮，创建 Opacity 的起始关键帧；将时间轴移至 0:00:06:05 位置，设置 Opacity 的数值为 100%，自动生成 Opacity 的关键帧动画效果，如图 1-3-78 所示。合成效果如图 1-3-79 和图 1-3-80 所示。

图 1-3-78　创建透明度变换的动画效果

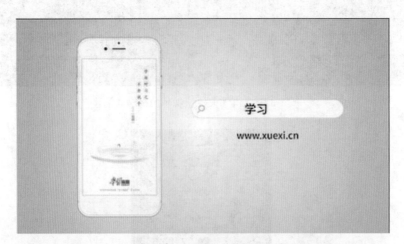

图 1-3-79　时间轴在 0:00:06:05 位置的合成面板效果

图 1-3-80　时间轴在 0:00:08:01 位置的合成面板效果

任务 **1.4** 合成与渲染

【任务描述】

在合成制作完成后，需要把做好的最终合成进行渲染输出。渲染是从合成创建影片帧的过程。帧的渲染是依据构成该图像模型的合成中的所有图层、设置和其他信息，创建合成的二维图像的过程。渲染通常指最终输出，创建在"素材""图层"和"合成"面板中显示预览的过程也属于渲染。进行渲染输出的方式有两种：一种是通过 AE 中的 Render Queue（渲染队列）进行渲染输出；另一种是通过将合成导入 Adobe Media Encoder 进行渲染输出。需要注意的是，Adobe Media Encoder 需要单独进行安装，本次项目的渲染采用了第二种方式，所以请自行下载并安装 Adobe Media Encoder 软件。

【任务要求】

在"影片渲染输出"的制作中，学习使用 Render Queue（渲染队列）和 Adobe Media Encoder 两种渲染输出方式，了解两种渲染输出方式的区别，熟悉并掌握两种渲染输出的参数设置、调整和修改方法，能够根据不同的需求，配合设置调整来完成影片的渲染输出。

【知识链接】

1. 使用 AE 软件中的 Render Queue 进行渲染输出

（1）选中需要渲染输出的合成，执行菜单 Composition → Add to Render Queue 命令，或者使用 Ctrl+M 组合键打开进入 Render Queue 面板。

（2）单击此面板中 Render Settings（渲染设置）右侧的下拉箭头，在弹出的列表中显示多个预设选项，通常选择 Best Settings（最佳设置）进行渲染输出。

（3）单击此面板中 Output Module（输出模块）右侧的下拉箭头，在弹出的列表中显示多种输出预设选项，通常选择 Lossless（无损），在弹出的页面中再次确认输出的视频格式。

（4）单击此面板中 Output To（输出到）右侧的蓝色合成名称，修改并确认渲染输出后视频的存放位置。

（5）单击此面板中 Render 选项。

2. 使用 Adobe Media Encoder 软件进行渲染输出

（1）选中需要渲染输出的合成，执行菜单 Composition → Add to Adobe Media Encoder Queue 命令，或者使用快捷键 Ctrl+Alt+M，此时 Adobe Media Encoder 自动开启。注：需下载和安装 Adobe Media Encoder 软件后才可以使用此功能。

（2）Adobe Media Encoder 开启后，合成进入"队列"面板中，单击合成名称下方的三角箭头，可以对渲染的输出格式、输出质量、输出地址进行设置。

（3）特别注意：可设置目标比特率进行视频的压缩。目标比特率的数值越大，视频导出的占比容量越大；反之，目标比特率的数值越小，视频导出的占比容量越小，如图1-4-1 所示。

图 1-4-1　设置目标比特率

（4）单击"队列"面板中的三角按钮，即可开始进行渲染。

【任务实施】

1. 制作总合成的效果

（1）在 Project 面板中同时选中 comps 文件夹中的"学习强国 01"合成项目、"学习强国 02"合成项目、"学习强国 03"合成项目、"学习强国 04"合成项目、"学习强国 05"合成项目和"学习强国 06"合成项目，将被选中的 6 个合成项目拖至 Project 面板的"新建合成"按钮上，如图 1-4-2 所示。在弹出的 New Composition form Selection 对话框中勾选 Sequence Layers 复选框，设置 Duration 的时间为 0:00:00:00，单击 OK 按钮，如图 1-4-3 所示。时间轴面板的效果如图 1-4-4 所示。

合成与渲染

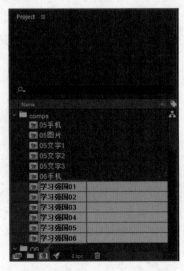

图 1-4-2　选中 6 个项目拖至"新建合成"按钮上　　图 1-4-3　将 6 个项目按顺序并入新项目中

图 1-4-4　时间轴面板的效果

（2）在 Project 面板中选择"学习强国 07"合成项目，按 Enter 键，将其重命名为"学习强国 App 介绍 - 总合成"，执行菜单栏中的 File → Import → File 命令，打开 Import File 对话框，选择配套素材中的"工程文件 / 项目 1/footage/BGM"文件夹，将文件夹导入 Project 面板中，展开 BGM 文件夹，再将 BGM_01.wav 音频素材从 Project 面板拖拽至时间轴面板的底层，如图 1-4-5 所示。

图 1-4-5　将音频素材导入时间轴面板中

（3）在时间轴面板中展开 BGM_01.wav 音频层的属性，在展开的 Audio 属性中设置 Audio Levels 的数值为 -12.00 dB。将时间轴移至 0:01:23:00 位置，选择时间轴面板中的"学习强国 06"合成层，按 T 键，设置 Opacity 的数值为 0%，单击 Opacity 左侧"码表"按钮，创建 Opacity 的起始关键帧；将时间轴移至 0:01:23:20 位置，设置 Opacity 的数值为 100%，自动生成 Opacity 的关键帧动画效果，如图 1-4-6 所示。

图 1-4-6　创建 Opacity 关键帧动画

（4）单击时间轴面板中"学习强国 06"的合成项目面板，可从"学习强国 App 介绍 - 总合成"的合成项目面板切换至"学习强国 06"的合成项目面板。选择"学习强国 06"合成项目面板中的"背景"图层，按 Ctrl+C 组合键，单击时间轴面板中"学习强国 App 介绍 - 总合成"的合成项目面板，可从"学习强国 06"的合成项目面板切换至"学习强国 App 介绍 - 总合成"的合成项目面板。在时间轴面板"学习强国 App 介绍 - 总合成"合成中按 Ctrl+V 组合键，将"学习强国 06"合成项目面板中的"背景"图层复制至"学习强国 App 介绍 - 总合成"的合成项目面板中，将"背景"图层移至音频层的上方。选择"背景"图层，将时间轴移至 0:01:23:00 位置，按 [键，可自动将素材的起始时间更改为 0:01:23:00，如图 1-4-7 所示。

图 1-4-7　修改"背景"图层的起始时间

2. 渲染输出总合成

（1）在菜单栏中执行 Composition → Add to Adobe Media Encoder Quene 命令（也可按快捷键 Ctrl+Alt+M），如图 1-4-8 所示，即可开启 Adobe Media Encoder 软件。通过 Adobe Media Encoder 软件将"学习强国 App 介绍 - 总合成"进行渲染输出，如图 1-4-9 所示。

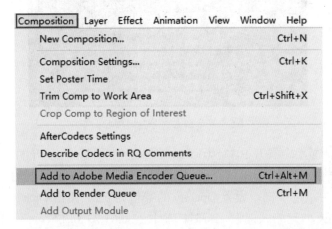

图 1-4-8　通过 Adobe Media Encoder 软件对合成项目进行渲染输出

图 1-4-9　开启 Adobe Media Encoder 软件

（2）单击"匹配源 - 高比特率"按钮，即可弹出"导出设置"对话框，如图 1-4-10 所示。格式设置默认为 H.264。单击输出名称右侧的按钮，可修改输出视频的路径和名称，如图 1-4-11 所示。

在视频栏中滑动右侧滚轮，滑动至"比特率设置"，如图 1-4-12 所示，修改比特率设置中的"目标比特率"数值，将目标比特率设置为合适的大小。目标比特率的数值对应预估文件大小的数值，目标比特率越小，渲染出的视频文件大小也相应变小，单击 OK 按钮，如图 1-4-13 所示。单击队列栏中的"启动队列"按钮（对应的快捷键为 Enter 键），如图 1-4-14 所示，即可将视频进行渲染输出。

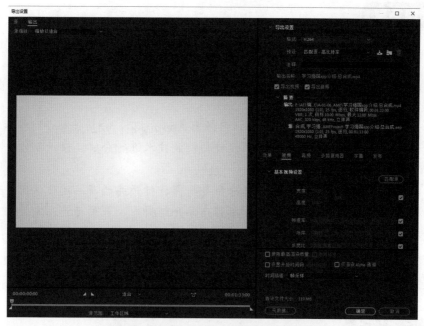

图 1-4-10　"导出设置"对话框

图 1-4-11　可修改输出文件的名称和存储位置

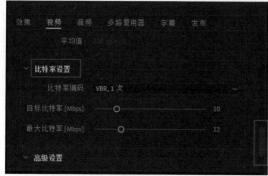

图 1-4-12　滑动至"比特率设置"

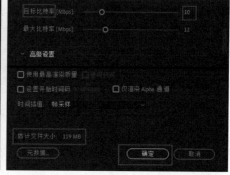

图 1-4-13　设置"目标比特率"数值

图 1-4-14　视频渲染输出

项目拓展

请同学们制作一个新闻媒体 App 的产品介绍视频，可以选取中国青年报 App、人民日报 App 等新闻媒体 App 产品。以介绍新闻媒体 App 为主要内容，完成制作 3 个任务的项目拓展，分别是 App 产品的基本介绍、App 产品的展示与特点、App 产品的服务与下载。

重要提示：

（1）认真观看"产品介绍视频——学习强国 App 介绍"，分析产品介绍视频各个镜头的画面设计，结合所学知识，将其动画设计与特效技术进行分解，设计制作一个新闻媒体 App 的产品介绍视频。

（2）在设计制作之前，需要先认真分析并研究目标产品的产品定位、用户受众、产品特点、产品功能、产品内容等，策划撰写产品介绍脚本，采用与产品定位相匹配、用户受众能接受的设计风格和动态展示效果对产品进行充分表现。

（3）要精准把控"新闻媒体 App 的产品介绍视频"的视频节奏，前后镜头之间、画面特效与旁白文字之间、片头与片尾之间都要注意衔接和对应。

思考与练习

1. 选择题

（1）进入 AE 工作界面，下列哪个不是默认显示在画面中，而是处于隐藏状态？（　　）

    A．Project 面板   B．Composition 面板

    C．时间轴面板   D．Effects Controls 面板

（2）AE 的 5 大基础动画属性不包括（　　）。

    A．Position   B．Scale

    C．Mask   D．Opacity

（3）下列哪个选项不是正确的蒙版的混合模式？（　　）

    A．Overlay、Exclusion、Divide

    B．Add、Subtract、Intersect

    C．Lighten、Darken、Difference

    D．None

（4）Adjustment Layer 是一个控制层，它无法影响到的图层有（　　）。

    A．控制层上方的第一个图层   B．控制层下方的第一个图层

    C．控制层下方的第二个图层   D．控制层下方的第三个图层

（5）下列哪种标点符号可以出现在字幕中（　　）。

    A．逗号   B．句号   C．书名号   D．省略号

（6）激活表达式属性后会产生 4 个工具按钮，它们分别是（　　）。

    A．位置、旋转、缩放、不透明度

    B．表达式开关、表达式图表、表达式关联器、表达式语言菜单

    C．合成微型流程图、草图 3D、运动模糊、图标编辑器

    D．表达式模板、表达式效果、表达式预览、表达式曲线

2. 判断题

（1）AE 具体可用于影视特效制作、影视后期合成、影视片头片尾、栏目节目包装、MV、广告、H5 动效、动态 Logo、UI 动效、MG 动画等。（　　）

（2）在图层被选中的情况下，想要同时显示图层的多个变换属性，可先按住 Ctrl 键，再按属性对应的快捷键即可。（　　）

（3）Opacity 属性用来控制图层不透明的程度。不透明程度随着 Opacity 数值的减小而变强，当 Opacity 数值为 100% 时，为完全透明状态。（　　）

（4）通常制作关键帧动画至少需要设置两个关键帧。（　　）

（5）在一个父子关系中，父级物体只能有一个，子级物体可以有多个。而一个物体作为一个子级物体的父物体时，它也同时可以是另一父级物体的子级物体。（　　）

（6）Track Matte 可以将本图层下层中图像的 Alpha 通道或亮度作为显示区域，应用到本图层上。（　　）

3. 实训题

（1）制作一个新闻媒体 App Logo 展示的动画效果。
（2）制作一个新闻媒体 App 产品简介的动画效果。
（3）制作一个新闻媒体 App 页面展示的效果。
（4）制作一个新闻媒体 App 产品特点的效果。
（5）制作一个新闻媒体 App 搜索与下载的效果。

项目 **2**

网络广告视频——新冠病毒防疫科普（MG 动画）

项目导读

MG 动画，英文全称为 Motion Graphics（动态图形或者图形动画），是"随时间流动而改变形态的图形"，可以解释为会动的图形。MG 动画属于影像艺术的一种，融合了平面设计、动画设计和电影语言等。从艺术角度上讲，MG 动画的画风简洁、动作流畅、节奏性强，表现形式丰富生动又具有包容性，能与各种表现形式以及艺术风格混搭；从制作角度上讲，MG 动画制作效率高、制作成本低，便于将抽象内容具体化，而且在信息的概述上有时尚讨喜、表达创意以及活泼有趣等方面的特质。

目前，MG 动画的应用领域广泛，主要应用于栏目包装、影视片头、商业广告、宣传推广、产品介绍、活动开场等。在 MG 动画的制作过程中，从策划、配音到美术、制作，每一步都需要注意动画整体风格和创意的统一。本项目以网络广告宣传为载体，制作以新冠病毒防疫科普为主题的 MG 动画短片，将新冠病毒的防疫方法和注意事项以更加生动的形式展现给观众。

教学目标

★通过"新冠病毒防疫科普（MG 动画）"项目的讲解，具备制作网络广告视频（MG 动画）的能力。

★了解 Motion-3 脚本、Duik Bassel 脚本、Randomatic 2 脚本、塌陷开关的基本特点，掌握它们的参数设置方法。

★掌握脚本的动画属性，拓展设计制作其他主题的网络广告视频（MG 动画）的能力。

任务 2.1 科普开篇内容设计

【任务描述】

在防疫科普片（MG动画）的开篇内容设计中，主要展示该项目的片名和主题，并对该片的内容进行简短介绍。本项目主要用Motion-3脚本来制作文字和图形的动画设计，在制作时，需注意画面与配音的匹配，控制声画的节奏。

【任务要求】

在"科普开篇内容设计"制作中，主要学习Motion-3脚本的运用，了解其参数的设置对应文字动画效果的变化；综合运用脚本的各项属性和关键帧的设置，设计制作科普开篇内容。

【知识链接】

Motion-3脚本介绍

Motion-3是一款由Mt. Mograph出品的MG运动图形高级脚本，主要用于在AE中创建高端MG运动图形。它拥有几十个强大的工具和数百个控件，通过这些工具和控件可以进行曲线调节、颜色控制、中心点对齐、滑块控制、制作MG小动画等多种快捷操作。

通过Motion-3可以进行合成底色或纯色层颜色的修改、对图层进行显示和隐藏。对其中的一些工具选项简介如下：

ANIMO：托管关键帧工具，能将多图层组成一个组，整体设置循环动画与交互动画。

BLEND：平滑工具，平滑度越高，动画运动就更趋近于直线效果。

BREAK：拆分图层工具，可拆分AI图层、形状图层等。

BURST：爆破效果工具。

CLONE：复制工具，选择要复制的关键帧，再单击该工具选项即可，如按住Alt键，再同时单击该工具选项，可将效果进行反转的复制。

CLOTH：布料工具，常用于制作裙摆和旗子飘动的效果。

DELAY：延迟工具。

DYNAMICS：智能摇摆工具，类似于随机摆动（wiggle）效果。

ECHO：复制工具，需选中关键帧再单击该工具。

EXCITE：弹性工具。

FALLOFF：交互工具。

FLIP：镜像工具。

GRAB：查找同属性工具，选中一个图层的某个属性，再选中所有图层，即可将所有图层所对应的该属性全部选中。

JUMP：弹跳工具。

NULL：空物体创建中心点，选中两个图层，可在两个图层间创建中心点。

ORBIT：公转工具。

PARENT：图层顺联工具。

PINPLUS：图钉控制器。

RENAME：重命名工具。

REVERSE：排序工具。

SORT：合成整理工具。

SPIN：自转工具，调整方向、偏移、速度。

STARE：凝视工具，将选中图层设置为看齐对象。

TEXT-BREAK：文字拆分工具，可分为字拆分和词拆分。

TEXTURE：图层纹理工具。

TRACE：拖尾粒子工具，常用于飞机拖尾效果等。

TRASH：垃圾工具，设置的效果不想要，即可将其删除。

TRIM：路径修剪，可同时增设多个图层。

VECTOR：连线工具。

VIGNETTE：添加暗角工具。

WARP：溶球工具。

【任务实施】

1. 标记 MG 动画的音频

（1）打开 AE，双击 Project 面板，选择 OS 文件夹，单击 Import Folder 按钮，可将素材 OS 文件夹导入软件的 Project 面板中，如图 2-1-1 所示。

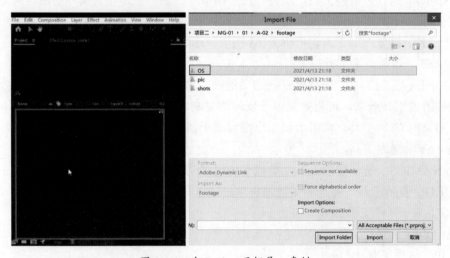

图 2-1-1　向 Project 面板导入素材

（2）在 Project 面板中展开 OS 文件夹，选中文件夹中的 MG_OS.mp3 音频素材，将其拖至合成图标上，可使用该音频素材新建合成，如图 2-1-2 所示。

（3）选中 MG_OS.mp3 音频层，按两次 L 键，可显示该图层的音波效果。将时间轴移至 0:00:12:24 位置，先选中 MG_OS.mp3 音频层，再按 * 键，为该音频层添加标记，如图 2-1-3 所示；将时间轴移至 0:00:19:19 位置，再按 * 键，为该音频层添加第 2 个标记；将时间轴移至 0:00:27:18 位置，再按 * 键，为该音频层添加第 3 个标记；将时间轴移至 0:00:37:20 位置，再按 * 键，为该音频层添加第 4 个标记；将时间轴移至 0:00:42:21 位置，再按 * 键，为该音频层添加第 5 个标记。添加 5 个标记后的界面如图 2-1-4 所示。

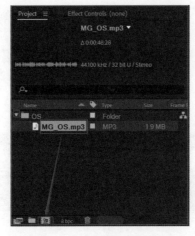

图 2-1-2　通过素材创建合成

图 2-1-3　添加标记

图 2-1-4　添加 5 个标记

（4）选中 MG_OS.mp3 音频层，在第 5 个标记处右击，选择 Go To Marker Time 选项，可将时间轴跳转至第 5 个标记处，如图 2-1-5 所示，再按 Ctrl+Shift+D 组合键，将该处的音频进行剪切，如图 2-1-6 所示。在第 4 个标记处右击，选择 Go To Marker Time 选项，可将时间轴跳转至第 4 个标记处，再按 Ctrl+Shift+D 组合键，将该处的音频进行剪切。在第 3 个标记处右击，选择 Go To Marker Time 选项，可将时间轴跳转至第 3 个标记处，再按 Ctrl+Shift+D 组合键，将该处的音频进行剪切。在第 2 个标记处右击，选择 Go To Marker Time 选项，可将时间轴跳转至第 2 个标记处，再按 Ctrl+Shift+D 组合键，将该处的音频进行剪切。在第 1 个标记处右击，选择 Go To Marker Time 选项，可将时间轴跳转至第 1 个标记处，再按 Ctrl+Shift+D 组合键，将该处的音频进行剪切，如图 2-1-7 所示。通过音频标记与剪切可确定动画的制作时长。

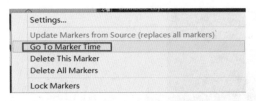

图 2-1-5　将时间轴跳转至标记处　　　　　　图 2-1-6　剪切音频素材

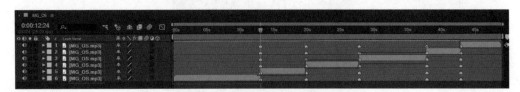

图 2-1-7　分别剪切音频素材

2. 制作 MG 动画的开篇效果

（1）双击 Project 面板，选择 pic 文件夹，单击 Import Folder 按钮，可将 pic 素材文件夹导入软件的 Project 面板中，如图 2-1-8 所示。单击 Project 面板的"新建文件夹"按钮，创建名为 comps 的文件夹，如图 2-1-9 所示。

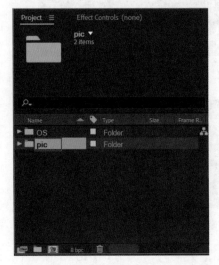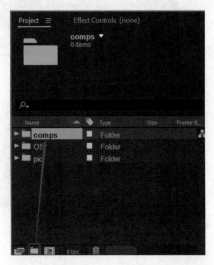

图 2-1-8　导入素材后的 Project 面板　　　　图 2-1-9　创建文件夹

（2）选中新建的 comps 文件夹，单击 Project 面板的"新建合成"按钮，即可在 comps 文件夹中创建新的合成，如图 2-1-10 所示。在弹出的"合成设置"对话框中，设置 Composition Name 为 01，Preset 选择 HDTV 1080 25，合成默认设置 Width 为 1920 px，Height 为 1080 px，Frame Rate 为 25，并设置 Duration 为 0:00:13:00，然后单击 OK 按钮，如图 2-1-11 所示。

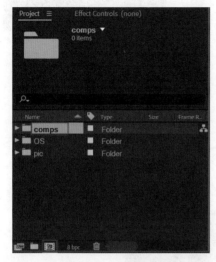

图 2-1-10　新建文件夹　　　　　　　　　　图 2-1-11　新建合成

（3）单击时间轴面板中 MG_OS 的合成项目面板，可从 01 的合成项目面板切换至 MG_OS 的合成项目面板。选择 MG_OS 合成项目面板中的第 6 个音频层，如图 2-1-12 所示，再按 Ctrl+C 组合键，复制该图层。单击时间轴面板中 01 的合成项目面板，按 Ctrl+V 组合键，将素材粘贴至 01 的合成项目面板中，如图 2-1-13 所示。

图 2-1-12　复制音频素材　　　　　　　　　图 2-1-13　粘贴音频素材

（4）在 Project 面板中展开 pic 文件夹，选中文件夹中的 paper_texture.jpg 素材，将其拖至时间轴中 01 的合成项目面板中，如图 2-1-14 所示。选中该图层右击，选择 Transform 中的 Fit to Comp Width 选项，如图 2-1-15 所示，可将图层的大小匹配至合成的宽度，如图 2-1-16 所示。

（5）按 Ctrl+T 组合键，在 Composition 面板中输入文字"共同战'疫'做好防护"。在 Character 面板中，设置文字字体为思源黑体 CN，字体风格为 Heavy，字体大小为 120 px，字间距为 100，字体颜色为 RGB(138,37,142)。在 Paragraph 面板中单击 Center text 选项，将文字以中心点排列。在 Align 面板中单击 Align Horizontally 按钮，将文字水平居中对齐，如图 2-1-17 所示。选择"共同战'疫'做好防护"文字层，按 P 键，设置 Position 中 Y 轴的数值为 495.0，效果如图 2-1-18 所示

图 2-1-14　将素材放置在时间轴面板中

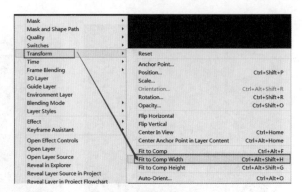

图 2-1-15　匹配合成的宽度

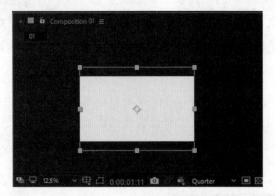

图 2-1-16　合成效果

图 2-1-17　设置文字属性

图 2-1-18　调整文字的位置

（6）选择"共同战'疫'做好防护"文字层，右击，从弹出的快捷菜单中选择 Layer Styles 的 Stroke 选项，如图 2-1-19 所示，为该文字层添加描边效果。展开 Stroke 属性，

设置 Color 为白色，设置 Size 的数值为 4.0，如图 2-1-20 所示。继续选中该图层右击，从弹出的快捷菜单中选择 Layer Styles 的 Drop Shadow 选项，如图 2-1-21 所示，为该文字层添加阴影效果。展开 Drop Shadow 属性，设置 Distance 的数值为 20.0，设置 Size 的数值为 20.0，如图 2-1-22 所示。

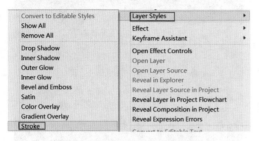

图 2-1-19　添加描边效果

图 2-1-20　设置描边属性

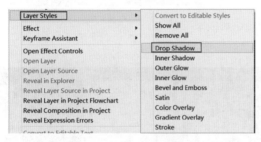

图 2-1-21　添加阴影效果

图 2-1-22　设置阴影属性

（7）在菜单栏中执行 Window → Extensions → Motion-3-MG 命令，如图 2-1-23 所示，即可打开 Motion-3 的面板界面，如图 2-1-24 所示。

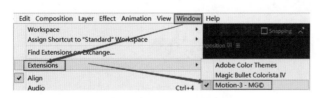

图 2-1-23　选择 Motion-3 命令

图 2-1-24　Motion-3 的面板界面

（8）选择"共同战'疫'做好防护"文字层，单击 Motion-3 面板右下角的工具按钮，如图 2-1-25 所示，将会显示该脚本的所有工具选项。选择 TEXT-BREAK（文字拆分）选项，如图 2-1-26 所示，再单击 BREAK LETTERS（拆分字母）面板区域的任意位置，如图 2-1-27 所示，可将该文字层中的文字逐一拆分成独立的文字层，如图 2-1-28 所示。Composition 面板效果如图 2-1-29 所示。

制作 MG 动画的
开篇效果

图 2-1-25　选择工具选项

图 2-1-26　选择 TEXT-BREAK 选项

图 2-1-27　单击 BREAK LETTERS 区域

图 2-1-28　拆分文字图层

图 2-1-29　Composition 面板效果

（9）单独选中"共"文字层，按 P 键，将时间轴移至 0:00:00:10 位置，单击 Position 属性左侧"码表"按钮 ⏱，为该图层的 Position 属性添加一个起始关键帧，如图 2-1-30 所示。将时间轴移至 0:00:00:00 位置，设置 Position 的 Y 轴数值为 -90.0，如图 2-1-31 所示。

项目2 网络广告视频——新冠病毒防疫科普（MG 动画）

图 2-1-30　创建起始关键帧

图 2-1-31　创建关键帧动画

（10）选中"共"文字层中的 Position 属性，即可同时选中该属性对应的所有关键帧，如图 2-1-32 所示，再单击 Motion-3 面板右下角的工具按钮，选择 JUMP（弹跳）选项，如图 2-1-33 所示，可给该文字添加弹跳的动画效果。在 Effect Controls 面板中展开 Properties 属性，设置 Stretch 的数值为 30.00，设置 Gravity 的数值为 20.00，设置 Max Jumps 的数值为 3.00，如图 2-1-34 所示。

图 2-1-32　选中图层的 Position 属性

图 2-1-33　选择 JUMP 选项

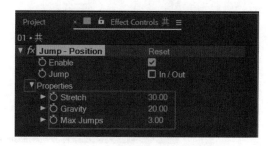

图 2-1-34　设置 Properties 参数

（11）选中 2～10 文字层，如图 2-1-35 所示，再按 Ctrl 键，同时选中"共"文字层中的 Position 属性，再将时间轴移至 0:00:00:10 位置，如图 2-1-36 所示。单击 Motion-3 面板右下角的工具按钮，选择 DELAY（延迟）选项，如图 2-1-37 所示，再单击 DELAY 区域的任意位置，如图 2-1-38 所示，不仅可给被选中文字层添加"共"文字属性的动画效果，且该效果还可以延迟性地逐一出现在合成画面中，合成效果如图 2-1-39 所示。

图 2-1-35　同时选中 2～10 文字层

图 2-1-36　选中文字层的 Position 属性并移动时间轴

图 2-1-37　选择 DELAY 选项

图 2-1-38　单击 DELAY 区域位置

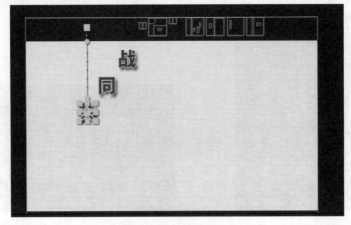

图 2-1-39　合成效果

（12）在 Project 面板中选中 pic 文件夹中的 mask.png 素材，将其拖至时间轴的 01 合成面板的 paper_texture.jpg 图层上方，如图 2-1-40 所示。将时间轴移至 0:00:02:07 位置，选中 mask.png 图层，按 [键，可自动将素材的起始时间更改为 0:00:02:07；按 P 键，设置 Position 的数值为 (960.0,449.0)，按 Shift+S 组合键，单击 Scale，设置 Scale 的数值为 (0.0,0.0%)，为该层添加起始关键帧，如图 2-1-41 所示。将时间轴移至 0:00:02:17 位置，设置 Scale 的数值为 (80.0,80.0%)。先选中该层的 Scale 属性，如图 2-1-42 所示，再单击 Motion-3 面板右下角的工具按钮，选择 EXCITE 选项，如图 2-1-43 所示。

图 2-1-40 放置素材

图 2-1-41 设置图层的变换参数

图 2-1-42 选择图层的 Scale 属性

图 2-1-43 选择 EXCITE 选项

（13）在 Composition 面板中输入文字"抗疫知识——口罩篇"。在 Character 面板中，设置文字字体为思源黑体 CN，字体风格为 Heavy，字体大小为 60 px，字间距为 100，字体颜色为 RGB(14,98,212)。在 Paragraph 面板中单击 Center text 选项，将文字以中心点排列。选择"抗疫知识——口罩篇"文字层，按 P 键，设置 Position 的数值为 (1288.0,640.0)，合成效果如图 2-1-44 所示

（14）展开"共同战'疫'做好防护"文字层属性，按 Ctrl 键，同时选中 Drop Shadow 和 Stroke 属性，按 Ctrl+C 组合键，复制两个被选中的属性，如图 2-1-45 所示，再选中"抗疫知识——口罩篇"文字层，按 Ctrl+V 组合键，粘贴复制的属性至该文字层，如图 2-1-46 所示。将时间轴移至 0:00:06:06 位置，按 [键，可自动将素材的起始时间更改为 0:00:06:06；按 P 键，设置 Position 的数值为 (2252.0,640.0)，单击 Position 左侧"码表"按钮，创建起始关键帧；将时间轴移至 0:00:06:16 位置，设置 Position 的数值为 (1288.0,640.0)，创建关键帧动画，合成效果如图 2-1-47 所示。

（15）将时间轴移至 0:00:06:16 位置，选择"抗疫知识——口罩篇"文字层的 Position 属性，再单击 Motion-3 面板右下角的工具按钮，选择 EXCITE 选项，添加弹性选项后的时间轴面板如图 2-1-48 所示。

图 2-1-44 合成效果

图 2-1-45 复制属性

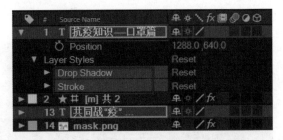

图 2-1-46 粘贴属性

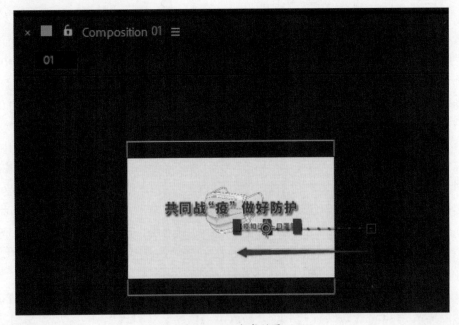

图 2-1-47 合成效果

图 2-1-48　时间轴面板的显示

（16）按 Ctrl+T 组合键，在合成面板中输入文字"佩戴口罩的特别提示"。在 Paragraph 面板中单击 Center text 选项，将文字以中心点排列。在 Align 面板中单击 Align Horizontally 按钮，将文字水平居中对齐。在 Character 面板中，设置文字字体为思源黑体 CN，字体风格为 Heavy，字体大小为 100 px，字间距为 399，字体颜色为 RGB(212,158,142)，如图 2-1-49 所示。选择"佩戴口罩的特别提示"文字层，按 P 键，设置 Position 属性中 Y 轴的数值为 812.0。展开"抗疫知识——口罩篇"文字层属性，继续展开 Layer Styles，按 Ctrl 键，同时选中 Drop Shadow 和 Stroke 属性，按 Ctrl+C 组合键，复制两个被选中的属性，再选中"佩戴口罩的特别提示"文字层，按 Ctrl+V 组合键，粘贴复制的属性至该文字层，合成效果如图 2-1-50 所示。

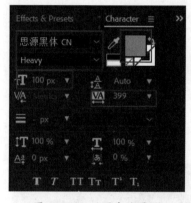

图 2-1-49　设置字体属性

图 2-1-50　合成效果

（17）选择"佩戴口罩的特别提示"文字层，单击 Motion-3 面板右下角的工具按钮，将会显示该脚本的所有工具选项，选择 TEXT-BREAK 选项，再单击 BREAK LETTERS 面板区域的任意位置，可将该文字层中的文字逐一拆分成独立的文字层，如图 2-1-51 所示，合成效果如图 2-1-52 所示。继续选中 1～9 文字层，将中心点的位置设置在底端，如图 2-1-53 所示，合成效果如图 2-1-54 所示。

（18）单独选择"佩"文字层，将时间轴移至 0:00:10:23 位置，按 S 键，单击 Scale 左侧"码表"按钮，创建起始关键帧，设置 Scale 的数值为 (0.0,0.0%)；将时间轴移至 0:00:11:05 位置，设置 Scale 的数值为 (100.0,100.0%)，如图 2-1-55 所示。选中该层的 Scale 属性，再单击 Motion-3 面板右下角的工具按钮，选择 EXCITE 选项，时间轴面板如图 2-1-56 所示。

（19）选中 2～9 文字层，如图 2-1-57 所示，按 Ctrl 键，同时选中"佩"文字层中的 Scale 属性，再将时间轴移至 0:00:11:05 位置，如图 2-1-58 所示，单击 Motion-3 面板右下角的工具按钮，选择 DELAY 选项，再单击 DELAY 区域的任意位置，不仅可给被选中文字层添加"佩"文字属性的动画效果，且该效果还可以延迟性地逐一出现在合成画面中。在 Effect Controls 面板中展开 [m-p]Scale 属性，设置 Delay 的数值为 15.00%，如图 2-1-59 所示，合成效果如图 2-1-60 所示。

图 2-1-51　拆分文字

图 2-1-52　合成效果

图 2-1-53　设置文字中心点的位置

图 2-1-54　合成效果

图 2-1-55　创建 Scale 关键帧动画

图 2-1-56　添加 EXCITE 效果

图 2-1-57　同时选中 2~9 文字层

图 2-1-58　移动时间轴并选中文字层的 Scale 属性

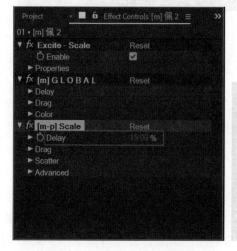

图 2-1-59　设置 Delay 的数值

图 2-1-60　合成效果

任务 2.2　科普正文内容设计

【任务描述】

在防疫科普片（MG动画）的正文内容设计中，主要按照防疫的方法与步骤进行讲解，对需要重点强调的区域或位置会进行标明与提示。正文内容的制作环节也需画面与配音进行同步制作。

【任务要求】

在科普正文内容设计制作中，主要学习塌陷开关的作用和效果，掌握塌陷开关的设置方法，再配合其他特效的属性设置，制作完成科普正文内容的设计。

【知识链接】

塌陷开关介绍

塌陷开关位于时间轴面板的小工具栏中，图形标志呈一个"小太阳"的形状。如图 2-2-1 所示。

图 2-2-1　塌陷开关

塌陷开关的作用又称作"折叠变换""连续栅格化"，可对合成层产生折叠变换的作用，而对矢量层产生连续栅格化的作用。

（1）Collapse Transformations（折叠变换）。原合成中图层太多，可通过预合成进行管理。对原合成执行预合成命令之后，当原合成处理的细节在预合成中显现不出来时，可通过开启"塌陷"开关，将原合成处理的细节交由预合成进行管理，此时原合成里面的一切信息都将在预合成中显示出来。

（2）Continuously Rasterize（连续栅格化）。当图层是矢量层时，塌陷开关的功能为连续栅格化。AE 中的矢量层包括形状层、文字层、将矢量图形文件用作源素材的图层（如 AI 素材等）。此外，纯色层和调整层也有矢量层的特性。塌陷开关在开启状态下，首先可以将素材矢量化，即素材不会因大小缩放而失真，保证素材放大时能够始终保持清晰，其次可以将特效从作用于图层空间变为作用于合成空间。

在每个栅格（非矢量）图层中将按以下顺序应用元素：蒙版、效果、变换以及图层样式。对于连续栅格化的矢量图层，默认渲染顺序是，先是蒙版，紧接着是变换，然后是效果。对未进行连续栅格化的图层是先计算特效，再计算变换；而进行连续栅格化的图层是先计算变换，再计算特效。

【任务实施】

1. 设置 MG 正文动画的合成预设

（1）双击 Project 面板，打开 shots 文件夹，选择 A2_01.psd、A2_02.psd、A2_03.psd、A2_04.psd 4 个素材，在 Footage 下拉选项中选择 Composition 选项，再单击 Import 按钮，如图 2-2-2 所示，可将 4 个文件素材以合成的形式导入软件的 Project 面板中，如图 2-2-3 所示。选中 A2_01、A2_02、A2_03、A2_04、A2_01 Layers、A2_02 Layers、A2_03 Layers 和 A2_04 Layers，将其拖拽到 Project 面板的文件夹图标上，如图 2-2-4 所示，可将被选中的素材放置到新建的素材箱中，将新建的素材箱命名为 02，如图 2-2-5 所示。

（2）在 Project 面板中先选中 comps 文件夹，再单击 Project 面板中的"新建合成"按钮，在弹出的"合成设置"对话框中，设置 Composition Name 为 02-1，Preset 选择 HDTV 1080 25，合成默认设置 Width 为 1920 px，Height 为 1080 px，Frame Rate 为 25，并设置 Duration 为 0:00:07:00，单击 OK 按钮，如图 2-2-6 所示。在 Project 面板中展开 comps 文件夹，选中 02-1 合成，按 Ctrl+D 组合键 3 次，可复 3 个与 02-1 设置一致的合成，分别是 02-2、02-3 与 02-4，如图 2-2-7 所示。

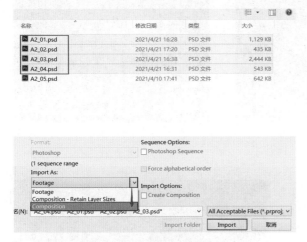

图 2-2-2　导入素材

图 2-2-3　素材导入 Project 面板中

图 2-2-4　选中素材新建素材箱

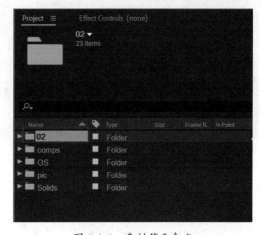

图 2-2-5　素材箱重命名

（3）在 Project 面板中双击 02-2 合成，将在时间轴面板中打开 02-2 的合成，如图 2-2-8 所示。按 Ctrl+K 组合键，修改 02-2 合成的 Duration 为 0:00:08:00，如图 2-2-9 所示。

（4）在 Project 面板中双击 02-3 合成，将在时间轴面板中打开 02-3 合成；按 Ctrl+K 组合键，修改 02-3 合成的 Duration 为 0:00:10:00，如图 2-2-10 所示。在 Project 面板中双击 02-4 合成，将在时间轴面板中打开 02-4 合成；按 Ctrl+K 组合键，修改 02-4 合成的 Duration 为 0:00:05:10，如图 2-2-11 所示。

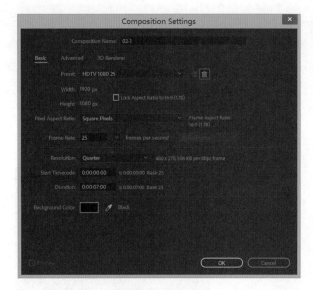

图 2-2-6　新建合成

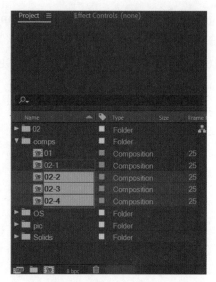

图 2-2-7　复制 3 个合成

图 2-2-8　时间轴面板中打开 02-2 合成

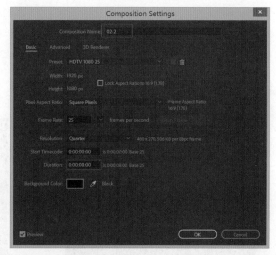

图 2-2-9　修改 02-2 合成的时长

（5）单击时间轴面板中 MG_OS 合成项目面板，选中第 5 个图层，按 Ctrl+C 组合键，复制该层音频，如图 2-2-12 所示，再单击时间轴面板中 02-1 合成面板，按 Ctrl+V 组合键，粘贴该层音频，如图 2-2-13 所示，此时的音频素材被粘贴在合成的 0:00:12:24 位置。将时间轴移至 0:00:00:00 处，再选中音频素材层，按 [键，可将该音频素材自动对齐至 0:00:00:00 处，如图 2-2-14 所示。

（6）单击时间轴面板中 MG_OS 合成项目面板，选中第 4 个图层，按 Ctrl+C 组合键，复制该层音频，再单击时间轴面板中 02-2 合成面板，按 Ctrl+V 组合键，粘贴复制的音频，将时间轴移至 0:00:00:00，再选中音频素材层，按 [键，可将该音频素材自动对齐至 0:00:00:00 处，如图 2-2-15 所示。继续单击时间轴面板中 MG_OS 合成项目面板，选中第 3 个图层，按 Ctrl+C 组合键，复制该层音频，再单击时间轴面板中 02-3 合成面板，按

Ctrl+V 组合键，粘贴复制的音频，将时间轴移至 0:00:00:00 处，再选中音频素材层，按 [键，可将该音频素材自动对齐至 0:00:00:00 处，如图 2-2-16 所示。继续单击时间轴面板中 MG_OS 合成项目面板，选中第 2 个图层，按 Ctrl+C 组合键，复制该层音频，再单击时间轴面板中 02-4 合成面板，按 Ctrl+V 组合键，粘贴复制的音频，将时间轴移至 0:00:00:00 处，再选中音频素材层，按 [键，可将该音频素材自动对齐至 0:00:00:00 处，如图 2-2-17 所示。

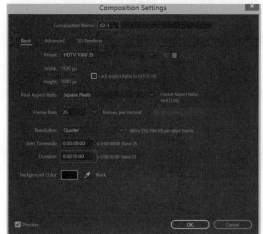

图 2-2-10 修改 02-3 合成的时长　　　图 2-2-11 修改 02-4 合成的时长

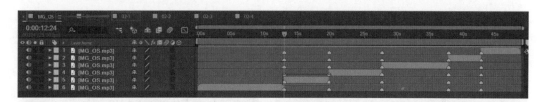

图 2-2-12 复制音频素材

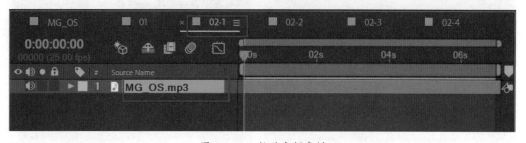

图 2-2-13 粘贴音频素材

图 2-2-14 对齐素材的初始位置

图 2-2-15　合成 02-2 的音频素材

图 2-2-16　合成 02-3 的音频素材

图 2-2-17　合成 02-4 的音频素材

2．制作 02-1 合成的动画效果

（1）在 Project 面板中展开 02 文件夹，选择 A2_01 合成，将其拖至时间轴面板的
02-1 合成面板的顶层，如图 2-2-18 所示。在时间轴面板中选择 A2_01 合成层，按 S 键，
设置 Scale 的数值为 (80.0,80.0%)，如图 2-2-19 所示。

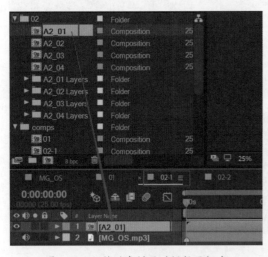

图 2-2-18　拖动素材至时间轴面板中

图 2-2-19　设置合成层的缩放数值

制作 02-1 合成的
动画效果

（2）在时间轴面板中双击 A2_01 合成层，时间轴将切换至 A2_01 合成，
如图 2-2-20 所示。选中"水龙头"图层，按 Y 键，可切换至中心点工具命令，
在 Composition 面板中将该图层的中心点移至如图 2-2-21 所示位置。

（3）在时间轴面板中选中"水龙头"图层，将时间轴移至 0:00:00:00 处，
按 S 键，单击 Scale 左侧"码表"按钮，创建起始关键帧，设置 Scale 的

数值为 (0.0,0.0%)；再将时间轴移至 0:00:00:10 处，设置 Scale 的数值为 (100.0,100.0%)，如图 2-2-22 所示。先选中该层的 Scale 属性，再单击 Motion-3 面板右下角的工具按钮，选择 EXCITE 选项。在 Effect Controls 面板中展开 Properties 属性，设置 Bounce 的数值为 20.00，设置 Friction 的数值为 60.00，如图 2-2-23 所示。

图 2-2-20　切换至 A2_01 合成

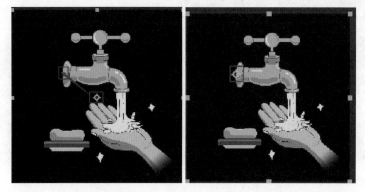

图 2-2-21　移动中心点的位置

图 2-2-22　创建缩放动画

图 2-2-23　设置 Properties 属性参数

（4）在时间轴面板中同时选中"水花 1""水花 2"两个图层，按 Ctrl+Shift+C 组合键可将两个图层新建预合成。在弹出的预合成面板中将此预合成命名为 water，如图 2-2-24 所示。在时间轴面板中双击 water 合成层，将会切换至 water 合成面板，如图 2-2-25 所示。按 Ctrl+A 组合键，同时选中"水花 1""水花 2"图层，将时间轴移至 0:00:00:10 处，按 Alt+] 组合键，将"水花 1""水花 2"图层结束时间剪切至 0:00:00:10 处，如图 2-2-26 所示。

（5）按 Ctrl+A 组合键，同时选中"水花 1""水花 2"图层，按 Ctrl+D 组合键，复制创建"水花 3""水花 4"图层，将"水花 3""水花 4"图层移至时间轴面板的顶层，如

图2-2-27所示。按Ctrl+A组合键，同时选中"水花1"～"水花4"图层，按Ctrl+D组合键，复制创建"水花5"～"水花8"图层，将"水花5"～"水花8"图层移至时间轴面板的顶层，如图2-2-28所示。按Ctrl+A组合键，同时选中"水花1"～"水花8"图层，按Ctrl+D组合键，复制创建"水花9"～"水花16"图层，将"水花9"～"水花16"图层移至时间轴面板的顶层，如图2-2-29所示。按Ctrl+A组合键，同时选中"水花1"～"水花16"图层，按Ctrl+D组合键，复制创建"水花17"～"水花32"图层，将"水花17"～"水花32"图层移至时间轴面板的顶层，如图2-2-30所示。按Ctrl+A组合键，在时间轴面板的图层区域右击，选择Keyframe Assistant → Sequence Layers命令，如图2-2-31所示，弹出Sequence Layers对话框，单击OK按钮，如图2-2-32所示，时间轴面板的效果如图2-2-33所示。

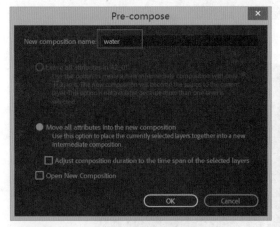

图 2-2-24　新建预合成

图 2-2-25　切换至 water 合成面板

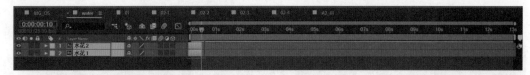

图 2-2-26　剪切结束的时间

图 2-2-27　创建两个图层并将其移至
时间轴面板顶层

图 2-2-28　创建 4 个图层并将其移至
时间轴面板顶层

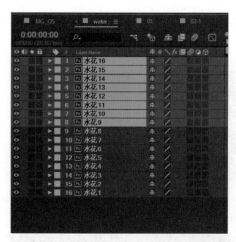

图 2-2-29 创建 8 个图层并将其移至时间
轴面板顶层

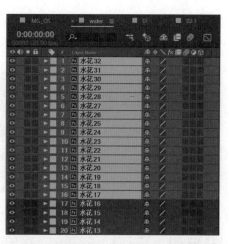

图 2-2-30 创建 16 个图层并将其移至时间
轴面板顶层

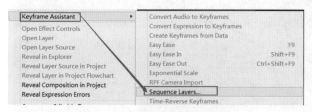

图 2-2-31 添加关键帧助手命令

图 2-2-32 序列图层的设置

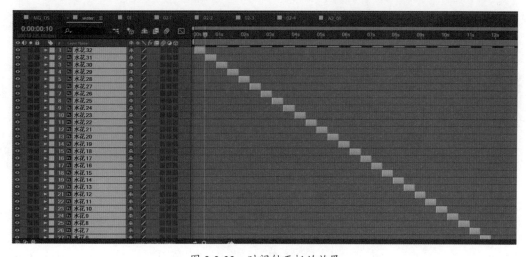

图 2-2-33 时间轴面板的效果

（6）单击时间轴面板的 A2_01 合成，选择 water 合成层，将时间轴移至 0:00:01:09 位置，按 [键，将该图层的初始时间对齐至 0:00:01:09 位置，如图 2-2-34 所示。按 Y 键，将 water 合成层的中心点移至如图 2-2-35 所示位置。

（7）选择 water 合成层，将时间轴移至 0:00:01:09 位置，按 S 键，显示 Scale 的属性，解锁 Scale 等比缩放命令，单击 Scale 左侧"码表"按钮，创建起始关键帧，设置 Scale 的数值为 (100.0,0.0%)，如图 2-2-36 所示。将时间轴移至 0:00:01:15 位置，设置 Scale 的

数值为 (100.0,100.0%)。选中该图层的 Scale 属性，即可选中 Scale 属性上的两个关键帧，按 F9 键，执行 Easy Ease 命令，如图 2-2-37 所示。

图 2-2-34　对齐初始时间　　　　　　　　图 2-2-35　移动中心点的位置

图 2-2-36　创建起始关键帧并设置参数

图 2-2-37　设置动画的缓动效果

（8）选择"手"图层，将时间轴移至 0:00:00:20 位置，按 [键，可自动将素材的起始时间更改为 0:00:00:20。按 P 键，单击 Position 左侧"码表"按钮，创建起始关键帧，设置 Position 的数值为 (2000.0,500.0)，如图 2-2-38 所示。将时间轴移至 0:00:01:06 位置，设置 Position 的数值为 (500.0,500.0)。选中该图层的 Position 属性，按 F9 键，执行 Easy Ease 命令，如图 2-2-39 所示。在时间轴面板中切换至 02-1 合成面板，开启 A2_01 合成层的塌陷开关，如图 2-2-40 所示，合成效果如图 2-2-41 所示。

（9）在时间轴面板中切换至 02_1 合成面板，选择"肥皂盒"图层，按 Y 键，可将其中心点移至如图 2-2-42 所示位置。将时间轴移至 0:00:03:20 位置，按 [键，可自动将素材的起始时间更改为 0:00:03:20。将时间轴移至 0:00:04:06 位置，按 S 键，单击 Scale 左侧

"码表"按钮，创建关键帧；再将时间轴移至 0:00:03:20 位置，设置 Scale 的数值为 (0.0,0.0%)。选中该图层的 Scale 属性，再单击 Motion-3 面板右下角的工具按钮，选择 EXCITE 选项，在 Effect Controls 面板中展开 Properties 属性，设置 Bounce 的数值为 20.00，设置 Friction 的数值为 60.00，如图 2-2-43 所示。

图 2-2-38　创建初始关键帧

图 2-2-39　设置动画的缓动效果

图 2-2-40　激活塌陷命令

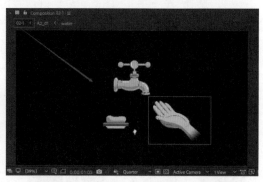

图 2-2-41　合成效果

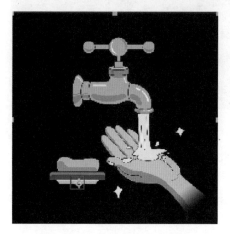

图 2-2-42　移动中心点的位置

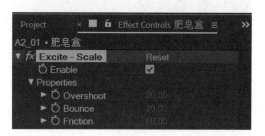

图 2-2-43　设置 Properties 的参数

（10）选择"右上星星"图层，按 Y 键，可将其中心点移至如图 2-2-44 所示位置。按 S 键，选中该图层的 Scale 属性，再单击 Motion-3 面板右下角的工具按钮，选择 DYNAMICS（动力学）选项，在 Effect Controls 面板中，设置 Frequency 的数值为 4.00，设置 Amount 的数值为 100.00；展开 Seperation 属性，勾选 Enable 复选框，设置 X Amount 的数值为 100.00，设置 Y Amount 的数值为 100.00，如图 2-2-45 所示。

图 2-2-44　移动中心点的位置

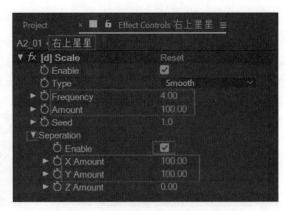

图 2-2-45　设置 DYNAMICS 的参数

（11）选择"左下星星"图层，按 Y 键，可将其中心点移至如图 2-2-46 所示位置。按 S 键，选中该图层的 Scale 属性，再单击 Motion-3 面板右下角的工具按钮，选择 DYNAMICS 选项，在 Effect Controls 面板中，设置 Frequency 的数值为 4.00，设置 Amount 的数值为 100.00，设置 Seed 的数值为 2.0；展开 Seperation 属性，勾选 Enable 复选框，设置 X Amount 的数值为 100.00，设置 Y Amount 的数值为 100.00，如图 2-2-47 所示。

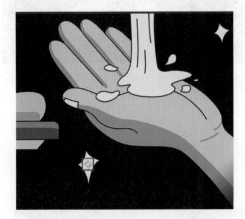

图 2-2-46　移动中心点的位置

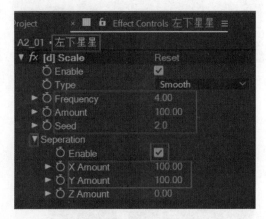

图 2-2-47　设置 DYNAMICS 的参数

（12）按 Ctrl 键，同时选择"右上星星"和"左下星星"两个图层，将时间轴移至 0:00:05:20 位置，按 T 键，单击两个图层中任意一个图层的 Opacity 属性左侧的"码表"按钮🕐，为两个图层同时添加关键帧；将时间轴移至 0:00:05:00 位置，设置两个图层中任意一个图层的 Opacity 数值为 0%，如图 2-2-48 所示。

（13）单击 Motion-3 面板右下角的工具按钮，选择 BURST（爆破）选项，如图 2-2-49 所示，可在时间轴面板的顶层创建一个名为 Burst 的形状图层，将 Burst 图层移至"肥皂盒"图层的下方，如图 2-2-50 所示。将时间轴移至 0:00:04:03 位置，按 [键，可自动将素材的起始时间更改为 0:00:04:03。

（14）在时间轴面板中选择 Burst 图层，在 Effect Controls 面板中设置 Global Position 的数值为 (324.0,760.0)；展开 Copies 属性，设置 Dist. from Center 的数值为 0.00，将时间

轴移至 0:00:04:03 位置，单击 Dist. from Center 左侧"码表"按钮，为该图层添加关键帧，如图 2-2-51 所示；按 U 键，可在时间轴面板中显示该层的关键帧属性。将时间轴移至 0:00:04:09 位置，设置 Dist. from Center 的数值为 300.00，创建关键帧动画。按 Shift+T 组合键，将时间轴移至 0:00:04:06 位置，单击 Opacity 属性左侧"码表"按钮，为该层 Opacity 属性添加起始关键帧；将时间轴移至 0:00:04:09 位置，设置 Opacity 的数值为 0%，创建关键帧动画，如图 2-2-52 所示。在 Effect Controls 面板中展开 Color 属性，继续展开 Fill 属性，单击 Color 右侧的颜色属性，设置颜色为 RGB(63,131,255)；继续展开 Stroke 属性，取消勾选 Enable 复选框，如图 2-2-53 所示，合成效果如图 2-2-54 所示。

图 2-2-48　同时设置两个图层的动画效果

图 2-2-49　选择 BURST 选项

图 2-2-50　移动 Burst 图层

（15）在时间轴面板中切换至 02-1 合成面板。按 Ctrl+T 组合键，在 Composition 面板中输入文字"①戴前摘后要洗手"。在 Paragraph 面板中单击 Center text 选项，将文字以中心点排列；在 Character 面板中，设置文字字体为思源黑体 CN，字体风格为 Heavy，字体大小为 80 px，字间距为 100，字体颜色为 RGB(138,37,142)，如图 2-2-55 所示。选择"①戴前摘后要洗手"文字层，右击，从弹出的快捷菜单中选择 Layer Styles 的 Stroke 选项，为该文字层添加描边效果。展开 Stroke 属性，设置 Color 为白色，设置 Size 的数值为 4.0。继续选中该图层并右击，从弹出的快捷菜单中选择 Layer Styles 的 Drop Shadow

选项，为该文字层添加阴影效果。展开 Drop Shadow 属性，设置 Distance 的数值为 20.0，设置 Size 的数值为 20.0。选择"①戴前摘后要洗手"文字层，按 P 键，设置 Position 的数值为 (960.0,890.0)，合成效果如图 2-2-56 所示。

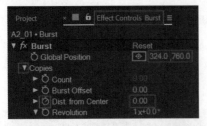

图 2-2-51　设置 Brust 的参数

图 2-2-52　创建关键帧动画

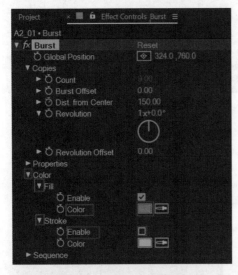

图 2-2-53　设置颜色属性参数

图 2-2-54　合成效果

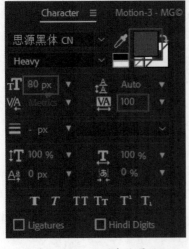

图 2-2-55　设置字体属性

图 2-2-56　合成效果

（16）在时间轴面板中选择"①戴前摘后要洗手"文字层，在 Effects & Presets 面板中展开 Animation Presets 预设效果组，继续展开 Text 预设效果组，再继续展开 Animate In 预设效果组，查找 Typewriter 预设效果，然后双击该效果，可为该文字层添加文字动画预设特效。选择"①戴前摘后要洗手"文字层，按 U 键，显示该层关键帧属性，将起始关键帧的位置移至 0:00:00:09，将终点关键帧的位置移至 0:00:02:02，如图 2-2-57 所示。

图 2-2-57　修改文字动画的关键帧

3．制作 02-2 合成的动画效果

（1）在时间轴面板中切换至 02-2 合成面板。在 Project 面板中展开 02 文件夹，选择 A2_02 合成拖至时间轴面板的 02-2 合成面板的顶层，如图 2-2-58 所示。在时间轴面板中选择 A2_02 合成层，按 S 键，设置 Scale 的数值为 (80.0,80.0%)，如图 2-2-59 所示。

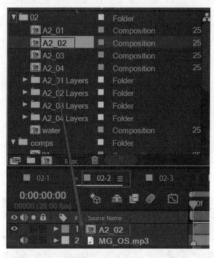

图 2-2-58　将素材拖至时间轴面板中　　　　图 2-2-59　设置合成层的缩放数值

（2）双击 A2_02 合成层，切换至 A2_02 合成面板。选择 Layer 2 图层，按 T 键，显示该层 Opacity 属性，将时间轴移至 0:00:02:14 位置，单击 Opacity 属性左侧"码表"按钮，为该层 Opacity 属性添加起始关键帧；将时间轴移至 0:00:02:22 位置，设置 Opacity 的数值为 0%，创建第 2 个关键帧；将时间轴移至 0:00:03:05 位置，设置 Opacity 的数值为 100%，创建第 3 个关键帧。同时选中 3 个关键帧，按 Ctrl+C 组合键复制 3 个关键

制作 02-2 合成的动画效果

帧，将时间轴移至 0:00:03:05 位置，按 Ctrl+V 组合键粘贴 3 个关键帧，如图 2-2-60 所示。将时间轴移至 0:00:03:21 位置，再按 Ctrl+V 组合键，可再次粘贴 3 个关键帧，如图 2-2-61 所示。

图 2-2-60　复制与粘贴 3 个关键帧

图 2-2-61　再次复制与粘贴 3 个关键帧

（3）选择 Layer 1 图层，在 Effects & Presets 面板中展开 Color Correction（色彩校正）特效组，双击 Tint（色调）特效。将时间轴移至 0:00:04:03 位置，在 Effect Controls 面板中修改 Tint 特效参数，设置 Amount to Tint 的数值为 0.0%，再单击 Amount to Tint 左侧"码表"按钮，添加起始关键帧，如图 2-2-62 所示；将时间轴移至 0:00:04:11 位置，设置 Amount to Tint 的数值为 100.0%；将时间轴移至 0:00:04:19 位置，设置 Amount to Tint 的数值为 0.0%。选择 Layer 1 图层，按 U 键，即可显示所有关键帧，如图 2-2-63 所示。同时选中该层的 3 个关键帧，按 Ctrl+C 组合键复制 3 个关键帧，将时间轴移至 0:00:04:19 位置，按 Ctrl+V 组合键粘贴 3 个关键帧；将时间轴移至 0:00:05:10 位置，再按 Ctrl+V 组合键，可再次粘贴 3 个关键帧，如图 2-2-64 所示。

图 2-2-62　添加起始关键帧

图 2-2-63　显示所有关键帧

（4）在时间轴面板中切换至 02-1 合成面板，选中"①戴前摘后要洗手"文字层，按 Ctrl+C 组合键，复制该文字层；再切换至 02-2 合成面板，按 Ctrl+V 组合键，粘贴该文字层至时间轴面板的顶层，双击该文字层，将该文字层的文字内容修改为"②分清上下与内外"，如图 2-2-65 所示。按 Ctrl+Y 组合键，新建一个纯色层，将其命名为 line_1，如图 2-2-66 所示。

图 2-2-64　复制与粘贴关键帧

图 2-2-65　修改文字内容

图 2-2-66　新建纯色层

（5）在时间轴面板中选中 line_1 层，在 Effects & Presets 面板中搜索 Stroke 特效，双击 Generate 特效组中的 Stroke 特效，如图 2-2-67 所示，可为该图层添加 Stroke 特效。在 Effect Controls 面板中，在 Paint Style 右侧选择 On Transparent（透明）选项，再勾选 All Masks 复选框，如图 2-2-68 所示。按 G 键，切换至钢笔工具，在 Composition 面板中绘制一条折线，效果如图 2-2-69 所示。继续在 Effect Controls 面板中单击 Color 右侧的颜色属性，设置颜色为 RGB(63,131,255)；设置 Brush Size 的数值为 4.0。将时间轴移至 0:00:02:05 位置，设置 End 的数值为 0.0%，再单击 End 属性左侧"码表"按钮 🔘，添加起始关键帧，如图 2-2-70 所示；按 U 键，在时间轴面板中显示 line_1 层的关键帧属性，将时间轴移至 0:00:02:15 位置，设置 End 的数值为 100.0%，如图 2-2-71 所示。

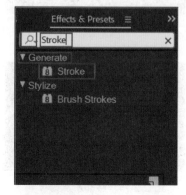

图 2-2-67　搜索 Stroke 特效

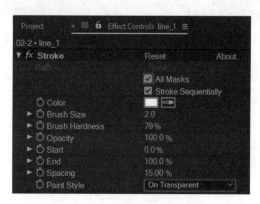

图 2-2-68　激活 All Masks 属性

图 2-2-69　绘制折线

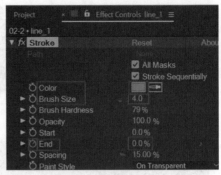

图 2-2-70　设置 Stroke 参数

图 2-2-71　创建关键帧动画

（6）在时间轴面板中选中 line_1 层，按 Ctrl+D 组合键，复制创建一个 line_1 层。按 U 键，显示该层的关键帧。将时间轴移至 0:00:04:02 位置，选择该层的 End 属性，即可选中属性对应的所有关键帧，将末尾的关键帧对齐 0:00:04:02 位置，如图 2-2-72 所示。在时间轴面板中选中 line_1 层，右击，选择 Transform 中的 Flip Vertical 选项，如图 2-2-73 所示，将该层进行垂直镜像。按 M 键，选中 Mask 1 属性，在 Composition 面板中移动该层的位置，如图 2-2-74 所示。

图 2-2-72　移动关键帧的位置

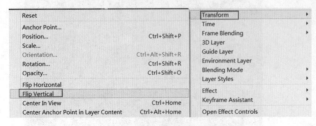

图 2-2-73　将图层进行垂直镜像

图 2-2-74　移动图层的位置

（7）在时间轴面板中选中"②分清上下与内外"文字层，按 Ctrl+D 组合键，复制创建一个新的文字层，双击该新的文字层，将该文字层的文字内容修改为"有鼻夹的一侧朝上 另一端拉到下颌以下 确保完全包裹"。在 Paragraph 面板中单击 Left align text 选项，将文字左对齐排列；在 Character 面板中，设置文字字体为思源黑体 CN，字体风格为 Heavy，字体大小为 48 px，字间距为 100，字体颜色为 RGB(59,59,59)，如图 2-2-75 所示。在 Composition 面板中将文字进行移动，如图 2-2-76 所示。

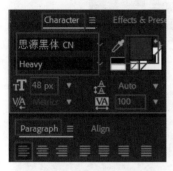

图 2-2-75　设置文字属性　　　　　　　　图 2-2-76　合成效果

（8）在时间轴面板中选中"有鼻夹的一侧朝上……"文字层，按 U 键，显示关键帧属性。将时间轴移至 0:00:02:15 位置，选择该层的 Start 属性，即可选中属性对应的所有关键帧，将起始关键帧对齐 0:00:02:15 位置，如图 2-2-77 所示。

图 2-2-77　移动关键帧的位置

（9）继续选中"有鼻夹的一侧朝上……"文字层，按 Ctrl+D 组合键，复制创建一个文字层。双击新文字层，将该文字层的文字内容修改为"有颜色的一面或深色的一面朝外"。在 Composition 面板中将文字进行移动，移动的位置如图 2-2-78 所示。再按 U 键，显示该文字层的关键帧属性。将时间轴移至 0:00:04:02 位置，选择该层的 Start 属性，即可选中属性对应的所有关键帧，将起始关键帧对齐 0:00:04:02 位置，如图 2-2-79 所示。

4．制作 02-3 合成的动画效果

（1）在时间轴面板中切换至 02-3 合成面板。在 Project 面板中展开 02 文件夹，选择 A2_03 合成并将其拖至时间轴面板的 02-3 合成面板的顶层，如图 2-2-80 所示。在时间轴面板中选择 A2_03 合成层，按 S 键，设置 Scale 的数值为 (80.0,80.0%)，如图 2-2-81 所示。

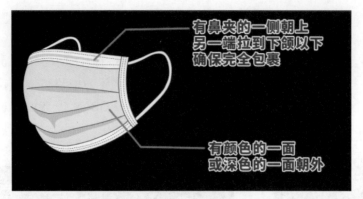

图 2-2-78　合成效果

图 2-2-79　移动关键帧的位置

图 2-2-80　移动素材至时间轴面板

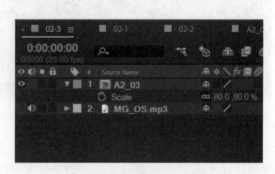

图 2-2-81　设置 Scale 的数值

（2）双击 A2_03 合成层，切换至 A2_03 合成面板。选择"口罩"图层，将时间轴移至 0:00:02:10 位置，按 P 键，单击 Position 属性左侧"码表"按钮，为该图层的 Position属性添加关键帧；将时间轴移至 0:00:01:19 位置，设置 Position 的 X 轴数值为 -2280.0，选中该层的 Position 属性，按 F9 键，执行 Easy Ease 命令，如图 2-2-82 所示。在时间轴面板中切换至 02-3 合成面板，开启 A2_03 合成层的"塌陷"开关，如图 2-2-83 所示。

（3）双击 A2_03 合成层，切换至 A2_03 合成面板。同时选中"右手"和"左手"两个图层，将时间轴移至 0:00:03:15 位置，按 P 键，单击 Position 属性左侧"码表"按钮，同时为两个图层的 Position 属性添加关键帧。将时间轴移至 0:00:03:00 位置，同时设置两个图层 Position 的 Y 轴数值 752.0；将时间轴移至 0:00:03:00 位置，按 Shift+T 组合键，单击 Opacity 属性左侧"码表"按钮，同时为两个图层的 Opocity 属性添加关键帧，设置两个图层 Opacity 的数值为 0%；将时间轴移至 0:00:03:05 位置，设置两个图层 Opacity 的数值为 100%，如图 2-2-84 所示。

图 2-2-82 设置缓动关键帧

图 2-2-83 开启"塌陷"开关

图 2-2-84 创建关键帧动画

（4）在时间轴面板中选择"左手"图层，再按 Ctrl+Alt+Shift+Y 组合键，可在"左手"图层上方新建一个 Null 1 图层，按 Enter 键，将其重命名为 L。选择"左手"图层，打开 Parent 栏下拉菜单，在下拉菜单中选择 L 选项，为两个图层建立父子关系，如图 2-2-85 所示。选择"右手"图层，再按 Ctrl+Alt+Shift+Y 组合键，可在"右手"图层上方新建一个 Null 2 图层，按 Enter 键，将其重命名为 R，选择"右手"图层，打开 Parent 下拉菜单，在下拉菜单中选择 R 选项，为两个图层建立父子关系，如图 2-2-86 所示。

图 2-2-85　创建父子关系 1　　　　　　　　图 2-2-86　创建父子关系 2

（5）选择 L 图层，按 P 键，将时间轴移至 0:00:03:15 位置，单击 Position 属性左侧 "码表" 按钮，新建起始关键帧。将时间轴移至 0:00:03:23 位置，设置 Position 的数值为 (490.0,490.0)；将时间轴移至 0:00:04:07 位置，设置 Position 的数值为 (500.0,500.0)，可创建关键帧动画，如图 2-2-87 所示。选择该层的 Position 属性，即可选择该层属性对应的 3 个关键帧，按 Ctrl+C 组合键，复制 3 个关键帧，在 0:00:04:07 位置，按 Ctrl+V 组合键，粘贴 3 个关键帧；将时间轴移至 0:00:04:23 位置，再继续按 Ctrl+V 组合键，再次粘贴 3 个关键帧，如图 2-2-88 所示。

图 2-2-87　创建关键帧动画

图 2-2-88　复制与粘贴关键帧

（6）选择 R 图层，按 P 键，将时间轴移至 0:00:03:15 位置，单击 Position 属性左侧 "码表" 按钮，新建起始关键帧。将时间轴移至 0:00:03:23 位置，设置 Position 的数值为 (516.0,487.0)；将时间轴移至 0:00:04:07 位置，设置 Position 的数值为 (500.0,500.0)，可创建关键帧动画，如图 2-2-89 所示。选择该层的 Position 属性，即可选择该层属性对应的 3 个关键帧，按 Ctrl+C 组合键，复制 3 个关键帧，在 0:00:04:07 位置，按 Ctrl+V 组合键，粘贴 3 个关键帧；将时间轴移至 0:00:04:23 位置，再继续按 Ctrl+V 组合键，再次粘贴 3 个关键帧，如图 2-2-90 所示。

（7）在时间轴面板中同时选中 "右手" 和 "左手" 两个图层，将时间轴移至 0:00:06:12 位置，单击 Position 左侧的 Add or remove keyframe at current time 按钮，添加一个数值不变的关键帧，如图 2-2-91 所示。单独选中 "右手" 图层，将时间轴移至

0:00:07:00 位置，设置 Position 的数值为 (-122.0,-22.0)；选中"左手"图层，在 0:00:07:00 位置设置 Position 的数值为 (198.0,-38.0)，如图 2-2-92 所示。合成效果如图 2-2-93 所示。

图 2-2-89　创建关键帧动画

图 2-2-90　复制与粘贴关键帧

图 2-2-91　设置 0:00:06:12 位置的关键帧

图 2-2-92　设置 0:00:07:00 位置的关键帧

（8）在时间轴面板中选中 L 图层的 Position 属性，即可选中该层属性对应的所有关键帧，按 Ctrl+C 组合键，复制该图层的 7 个关键帧，在时间轴的 0:00:07:00 位置按 Ctrl+V 组合键，粘贴该图层的 7 个关键帧。选中 R 图层的 Position 属性，即可选中该层属性对应的所有关键帧，按 Ctrl+C 组合键，复制该图层的 7 个关键帧，在时间轴的 0:00:07:00 位置按 Ctrl+V 组合键，粘贴该图层的 7 个关键帧，如图 2-2-94 所示。

图 2-2-93 合成效果

图 2-2-94 复制和粘贴 Position 属性的关键帧

（9）在时间轴面板中切换至 02-2 合成面板。选中"②分清上下与内外"图层，按
Ctrl+C 组合键，复制该文字层，再切换至 02-3 合成面板，按 Ctrl+V 组合键，粘贴该文字
层至时间轴面板的顶层，双击该文字层，将该文字层的文字内容修改为"③贴合面部 避
免漏气"，如图 2-2-95 所示。

图 2-2-95 修改文字

5. 制作 02-4 合成的动画效果

（1）在 Project 面板中展开 02 文件夹，选择 A2_04 合成并将其拖至时间轴面板的 02-4 合成面板的顶层。双击 A2_04 合成层，切换至 02_4 合成面板。选择"黄绳"图层，将时间轴移至 0:00:01:12 位置，按 T 键，单击 Opacity 属性左侧"码表"按钮，为该层 Opacity 属性添加起始关键帧；将时间轴移至 0:00:01:22 位置，设置 Opacity 的数值为 0%，创建第 2 个关键帧；将时间轴移至 0:00:02:08 位置，设置 Opacity 的数值为 100%，创建第 3 个关键帧。同时选中 3 个关键帧，按 Ctrl+C 组合键复制 3 个关键帧，将时间轴移至 0:00:02:08 位置，按 Ctrl+V 组合键粘贴 3 个关键帧；再将时间轴移至 0:00:03:04 位置，再按 Ctrl+V 组合键，可再次粘贴 3 个关键帧，如图 2-2-96 所示。

图 2-2-96 创建关键帧动画

（2）在时间轴面板中切换至 02-4 合成面板中，选中 A2_04 合成层，再执行菜单栏 Layer → New → Shape Layer 命令，可在 A2_04 合成层上方新建一个形状图层，如图 2-2-97 所示。在时间轴面板中单击该图层左侧的■按钮，展开图层属性设置，单击图层属性中 Add 右侧的■按钮，选择 Ellipse 选项；单击图层属性中 Add 右侧的■按钮，选择 Stroke 选项；单击图层属性中 Add 右侧的■按钮，选择 Trim Paths（修剪路径）选项，如图 2-2-98 所示。展开 Ellipse Path 1 属性，设置 Size 的数值为 (260.0,260.0)；展开 Stroke 1 属性，单击 Color 右侧的颜色选项，设置颜色为 RGB(63,131,255)，设置 Stroke Width 的数值为 4.0；展开 Trim Paths 1 属性，将时间轴移至 0:00:01:11 位置，单击 Start 左侧"码表"按钮■，添加关键帧，设置 Start 的数值为 100.0%，如图 2-2-99 所示，将时间轴移至 0:00:01:21 位置，设置 Start 的数值为 0.0%，创建关键帧动画。选中 Shape Layer 1 形状图层，按 P 键，设置 Position 的数值为 (726.0,518.0)，合成效果如图 2-2-100 所示。

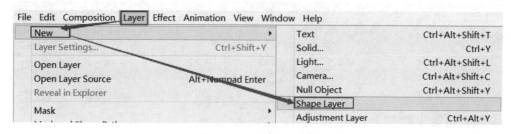

图 2-2-97 新建形状图层

（3）选中 Shape Layer 1 形状图层，按 Ctrl+D 组合键，复制创建一个 Shape Layer 2 形状图层，选中 Shape Layer 2 形状图层，按 P 键，设置 Position 的数值为 (1174.0,518.0)。

同时选中 Shape Layer 1 形状图层和 Shape Layer 2 形状图层，按 T 键，将时间轴移至 0:00:03:00 位置，单击任意图层的 Opacity 左侧"码表"按钮，可同时为两个图层添加关键帧；将时间轴移至 0:00:03:20 位置，设置任意一图层的 Opacity 的数值为 0%，即可同时为两个图层创建关键帧动画，如图 2-2-101 所示。

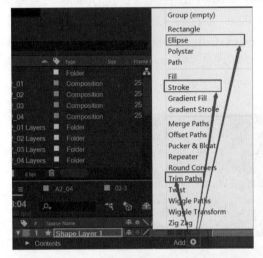

图 2-2-98　添加椭圆、描边和修剪路径效果

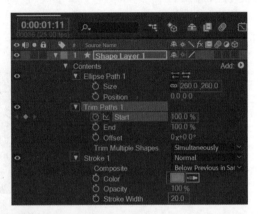

图 2-2-99　设置椭圆、描边和修剪路径的参数

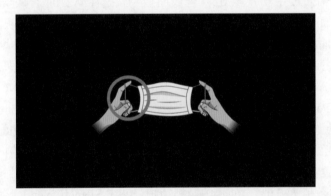

图 2-2-100　合成效果

图 2-2-101　创建关键帧动画

（4）在时间轴面板中切换至 02-3 合成面板，选择"③贴合面部 避免漏气"文字层，按 Ctrl+C 组合键，复制该文字层，切换至 02-4 合成面板，按 Ctrl+V 组合键，粘贴该文字层。

双击该文字层，将该文字层的文字内容修改为"④通过口罩的耳带或头带摘取 避免触摸口罩面外部"，如图 2-2-102 所示。按 U 键，显示该层的关键帧属性，将 Start 属性的终点关键帧移至 0:00:04:16 位置。

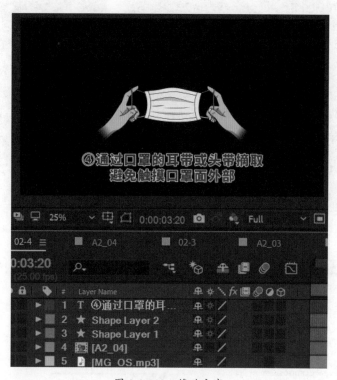

图 2-2-102　修改文字

6. 制作正文动画的合成

（1）在 Project 面板中选中 comps 文件夹，再单击该面板的"新建合成"按钮，在弹出的"新建合成"对话框中，设置 Composition Name 为 02，Preset 选择 HDTV 1080 25，合成默认设置 Width 为 1920 px，Height 为 1080 px，Frame Rate 为 25，并设置 Duration 为 0:00:30:10，单击 OK 按钮，如图 2-2-103 所示。在 Project 面板中，将 comps 文件夹中的 02-1 合成、

制作正文动画的合成

02-2 合成、02-3 合成和 02-4 合成移至时间轴面板的 02 合成窗口中，如图 2-2-104 所示。按 Ctrl 键，同时按顺序选中时间轴面板的 02-1 合成层、02-2 合成层、02-3 合成层和 02-4 合成层，右击，选择 Keyframe Assistant → Sequence Layers 命令，如图 2-2-105 所示，弹出 Sequence Layers 对话框，单击 OK 按钮，时间轴面板效果如图 2-2-106 所示。

（2）在 Project 面板中选中 comps 文件夹，再单击该面板的"新建合成"按钮，在弹出的"新建合成"对话框中，设置 Composition Name 为 BG，Preset 选择 HDTV 1080 25，合成默认设置 Width 为 1920 px，Height 为 1080 px，Frame Rate 为 25，并设置 Duration 为 0:01:00:00，单击 OK 按钮，如图 2-2-107 所示。在时间轴面板中切换至 01 合成面板，选择 paper_texture.jpg 图层，按 Ctrl+C 组合键，复制该图层，如图 2-2-108 所示，再切换至 BG 合成面板，按 Ctrl+V 组合键，粘贴该图层，延长该图层的时长，如图 2-2-109 所示。

图 2-2-103　新建合成

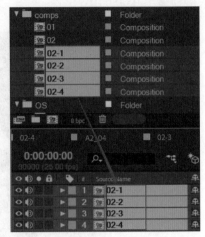

图 2-2-104　移动素材至 02 合成窗口中

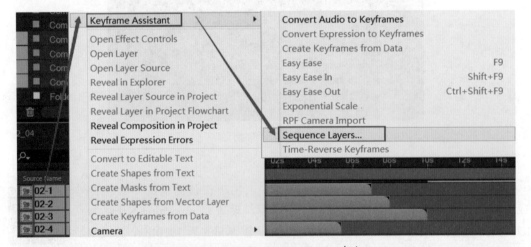

图 2-2-105　设置 Sequence Layers 命令

图 2-2-106　时间轴面板效果

（3）在时间轴面板中切换至 02 合成面板。在 Project 面板中选中 comps 文件夹中的 BG 合成，拖至时间轴面板的 02 合成面板中，如图 2-2-110 所示。选择 02-2 合成层，将时间轴移至 0:00:07:00 位置，在 Effects & Presets 面板中展开 Animation Presets 预设效果组，继续展开 Transitions-Movement 预设效果组，查找 Zoom-2D spin（缩放 -2D 旋转）预设效果，然后双击该效果，如图 2-2-111 所示，可为该文字层添加文字动画预设特效。

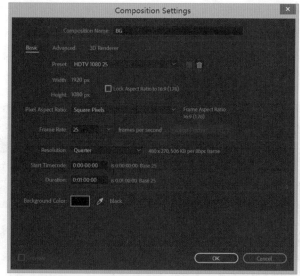

图 2-2-107　新建合成

图 2-2-108　复制文字层

图 2-2-109　粘贴并延长图层时长

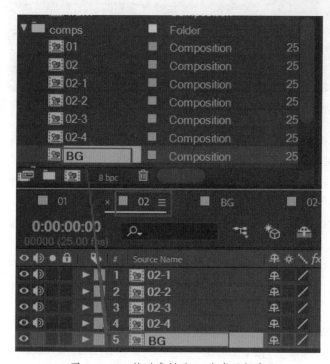

图 2-2-110　拖动素材至 02 合成面板中

图 2-2-111　添加缩放 -2D 旋转效果

（4）选中 02-1 合成层，将时间轴移至 0:00:05:24 位置，在 Effects & Presets 面板中展开 Animation Presets 预设效果组，继续展开 Transitions-Movement 预设效果组，查找 Zoom-2D spin 预设效果，然后双击该效果，可为该文字层添加文字动画预设特效。按 U 键，显示该层的关键帧属性，交换起始关键帧和终点关键帧的位置，如图 2-2-112 所示。

图 2-2-112　交换起始关键帧和终点关键帧的位置

（5）选中 02-2 合成层，将时间轴移至 0:00:14:14 位置，按 P 键，单击 Position 属性左侧"码表"按钮，为该图层的 Position 属性添加关键帧；将时间轴移至 0:00:15:09 位置，设置 Position 的 X 轴数值为 -960.0，创建关键帧动画。选中该图层的 Position 属性，即可选中对应的关键帧，按 F9 键，执行 Easy Ease 命令，如图 2-2-113 所示。

图 2-2-113　创建缓动关键帧动画

（6）选中 02-3 合成层，打开 Parent 栏下拉菜单，在下拉菜单中选择 2.02-2 选项，为两个图层建立父子关系，如图 2-2-114 所示。在时间轴面板中同时选中 02-2 合成层和 02-3 合成层，在菜单栏执行 Layer → Time → Enable Time Remapping 命令，如图 2-2-115 所示，可将两个合成层的时间变成可编辑状态，效果如图 2-2-116 所示。将 02-3 合成层的开始时间延伸至 0:00:14:04 位置，将结束时间延伸至 0:00:25:20 位置，如图 2-2-117 所示。将时间轴移至 0:00:24:14 位置，按 P 键，单击 Position 属性左侧"码表"按钮，为该图层的 Position 属性添加关键帧；将时间轴移至 0:00:25:09 位置，设置 Position 的 Y 轴数值为 1620.0，创建关键帧动画。选中该图层的 Position 属性，即可选中对应的关键帧，按 F9 键，执行 Easy Ease 命令，如图 2-2-118 所示。

（7）选中 02-4 合成层，打开 Parent 栏下拉菜单，在下拉菜单中选择 3.02-3 选项，为两个图层建立父子关系。选中 02-4 合成层，按 Ctrl+Alt+T 组合键，将 02-4 合成层时间重映射，将该合成层的开始时间延伸至 0:00:24:11 位置，如图 2-2-119 所示。

图 2-2-114　建立父子关系

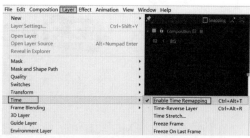

图 2-2-115　执行 Enable Time Remapping 命令

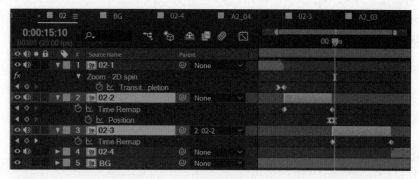

图 2-2-116　时间轴面板效果

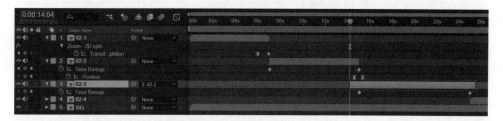

图 2-2-117　延伸开始和结束的时长

图 2-2-118　创建缓动关键帧动画

图 2-2-119　延伸开始的时长

【任务描述】

在防疫科普片（MG 动画）的结尾设计中，将人物的动画设计和文字的动画设计进行收尾。对人物素材添加绑定骨骼动画效果，制作出人物肢体运动的动画效果，最后搭配文字的动画效果，使整个收尾画面呼应 MG 动画的主题内容。

【任务要求】

在"科普知识结尾设计"制作中，主要学习 Duik Bassel 脚本、Randomatic 2 脚本的作用，了解其参数的设置对应动画效果的变化；综合运用脚本的各项属性和关键帧的设置，完成科普知识结尾设计。

【知识链接】

1. Duik Bassel 脚本介绍

Duik Bassel 是 DuDuF 出品的动力学和动画制作工具，是 AE 中用于二维人物角色骨骼绑定的脚本，此脚本使绑定和动画制作更加容易，其功能更加强大。Duik Bassel 中包含自动骨骼绑定工具、骨骼变形工具、运动效果工具、图形学工具等，可快速对角色的身体、面部、嘴唇等进行绑定和动画制作。插件的操作界面简洁直观，可以直接给二维角色添加骨骼形式，其自动化角色绑定通过一个简单的控制器，就可以在角色手臂的末端、腿上、或者肩膀上创建 IK（Inverse Kinematics，反向运动），还可以通过改变手或脚的位置激活整个肢体动画。

2. Randomatic 2 脚本的介绍

Randomatic 2 是一款适用于 AE 的随机效果生成器。它能够在 AE 中轻松创建和控制随机性，可适用于任何类型的属性，如形状、摆动动效、颜色等，是 AE 中创建 2D/3D 图层和颜色属性随机值的完美解决方案。Randomatic 2 面板中有静态随机、动画随机、摆动 3 种效果可供选择使用。Randomatic 2 可使用定制的控制器精确控制想要变换的随机属性，同时还可随机化图层的位置、缩放等属性。

【任务实施】

1. 制作卡通人物的动画效果

（1）在 Project 面板中选中 comps 文件夹，单击 Project 面板的"新建合成"按钮，即可在 comps 文件夹中创建新的合成。在弹出的"合成设置"对话框中，设置 Composition Name 为 03，Preset 选择 HDTV 1080 25，合成默认设置 Width 为 1920 px，Height 为 1080 px，Frame Rate 为 25，并设置 Duration 为 0:00:07:00，单击 OK 按钮，如图 2-3-1 所示。在 Project 面板中展开 OS 文件夹，双击 MG_OS 合成，时间轴面板将会切换至 MG_OS

合成项目面板。选中该面板中的第 1 层素材文件，按 Ctrl+C 组合键，复制该图层文件，如图 2-3-2 所示；再切换至 03 合成面板，按 Ctrl+V 组合键，粘贴该图层文件；将时间轴移至 0:00:00:00 处，再选中音频素材层，按 [键，可将该音频素材自动对齐至 0:00:00:00 处，如图 2-3-3 所示。

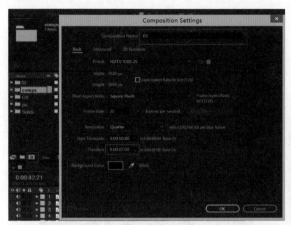

图 2-3-1　新建合成

图 2-3-2　复制音频素材

图 2-3-3　粘贴音频素材

（2）在 Project 面板中选择 pic 文件夹，按 Ctrl+I 组合键，在弹出的 Import File 对话框中选择 shot 文件夹中的 A2_05.psd 素材，再按 Import 按钮，在弹出的对话框中选择 Import Kind 为 Composition，单击按 OK 按钮，如图 2-3-4 所示，不仅将素材导入 Project 面板的 pic 文件夹中，还以素材为名新建一个名为 A2_05 的合成，如图 2-3-5 所示。

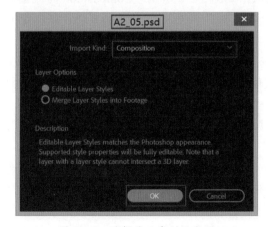

图 2-3-4　选择导入素材的类别

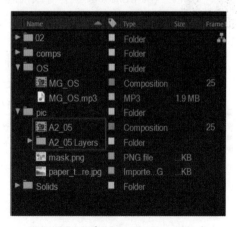

图 2-3-5　将素材导入 Project 面板中

（3）在 Project 面板中双击 A2_05 合成，时间轴将切换至 A2_05 合成中。执行菜单栏 Window → Duik Bassel.2.jsx 命令，如图 2-3-6 所示。在 Duik Bassel.2 面板中，单击 Rigging（绑定）选项中的 Create Structures（创建骨架）按钮，如图 2-3-7 所示。

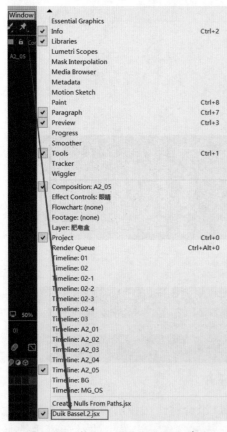

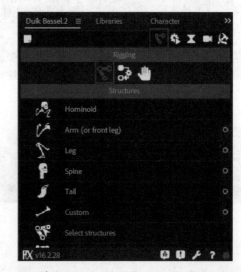

图 2-3-6　执行 Duik Bassel.2.jsx 命令　　图 2-3-7　单击 Rigging 选项中的 Create Structures 按钮

制作卡通人物的
动画效果

（4）在 Duik Bassel.2 面板中单击 Structures（创建骨架）选项中的 Arm (or front leg)（手臂或前腿）选项，如图 2-3-8 所示，Composition 面板将会添加一条骨骼线，如图 2-3-9 所示，时间轴面板将会增加 4 个骨骼绑定的图层，如图 2-3-10 所示。

（5）在时间轴面板中同时选择"身体""左大臂""左小臂"和"左手"4 个图层，按 T 键，设置 4 个图层的 Opacity 数值为 50.0%，如图 2-3-11 所示。在时间轴面板中选中 S|Arm 层，在 Composition 面板中移动骨骼控制点的位置，如图 2-3-12 所示；选中 S|Forearm 层，在 Composition 面板中移动骨骼控制点的位置，如图 2-3-13 所示；选中 S|Hand 层，在 Composition 面板中移动骨骼控制点的位置，如图 2-3-14 所示；选中 S|Arm tip 层，在 Composition 面板中移动骨骼控制点的位置，如图 2-3-15 所示。选中"左手"图层，打开 Parent 栏下拉菜单，在下拉菜单中选择 2. S|Hand 选项，为两个图层建立父子关系；选中"左小臂"图层，打开 Parent 栏下拉菜单，在下拉菜单中选择 3. S|Forearm 选项，为两个图层建立父子关系；选中"左大臂"图层，打开 Parent 栏下

拉菜单，在下拉菜单中选择 4.S|Arm 选项，为两个图层建立父子关系，如图 2-3-16 所示。

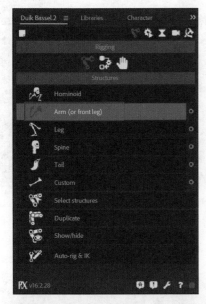

图 2-3-8　选择 Arm (or front leg) 选项

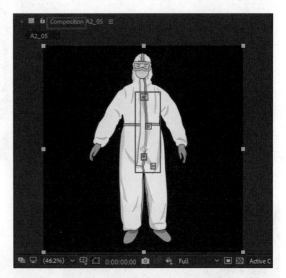

图 2-3-9　Composition 面板效果

图 2-3-10　时间轴面板增加骨骼绑定的图层

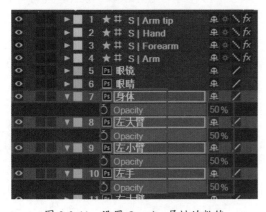

图 2-3-11　设置 Opacity 属性的数值

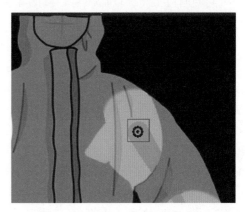

图 2-3-12　移动 S|Arm 层的控制点

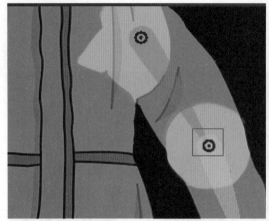

图 2-3-13 移动 S | Forearm 层的控制点

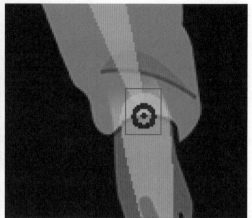

图 2-3-14 移动 S | Hand 层的控制点

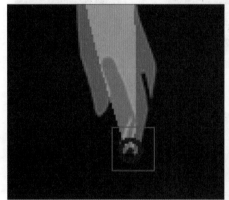

图 2-3-15 移动 S | Arm tip 层的控制点

图 2-3-16 建立父子关系

（6）在时间轴面板中同时选择"身体""左大臂""左小臂"和"左手"4 个图层，设置 4 个图层的 Opacity 数值为 100.0%，如图 2-3-17 所示。同时选择 S | Arm tip 层、S | Hand 层、S | Forearm 层和 S | Arm 层，在 Duik Bassel.2 面板中单击 Links and Constraints（链接和约束）选项中的 Auto-rig & IK（自动化绑定和创建反向动力学）选项，如图 2-3-18 所示，在时间轴面板上将会增加一个 C | Hand 层，如图 2-3-19 所示。在 Effect Controls 面板中展开 IK | Hand 属性，取消勾选 Reverse 属性选项，继续展开 Stretch 属性，取消勾选 Auto-Stretch 属性的选项，如图 2-3-20 所示。

（7）在时间轴面板中选中 C | Hand 层，按 P 键，设置 Position 的数值为 (707.5,561.0)，按 Shift+R 组合键，显示该层的 Rotation 属性。将时间轴移至 0:00:00:00 位置，单击该层的 Position 属性和 Rotation 属性左侧的"码表"按钮，创建起始关键帧；将时间轴移至 0:00:00:10 位置，设置 Position 的数值为 (885.5,275.0)，设置 Rotation 的数值为 (0×-102.0°)，分别创建对应属性的第 2 个关键帧，如图 2-3-21 所示。将时间轴移至 0:00:01:00 位置，设置 Position 的数值为 (789.5,243.0)，设置 Rotation 的数值为 (0×-92.0°)，创建关键帧动画。选中该图层的 Position 属性和 Rotation 属性的所有关键帧，按 F9 键，执行 Easy Ease 命令，如图 2-3-22 所示。按 Alt 键，同时单击 Position 属性和 Rotation

属性左侧的"码表"按钮 ，为 Position 属性和 Rotation 属性添加一个表达式，展开 Position 属性和 Rotation 属性，输入如下表达式内容：

```
loopOut("pingpong", 1)
```

添加表达式后的界面如图 2-3-23 所示。

图 2-3-17　设置 Opacity 属性的数值

图 2-3-18　选择 Auto-rig & IK 选项

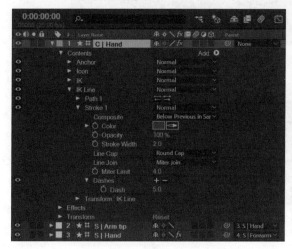

图 2-3-19　增加 C | Hand 层

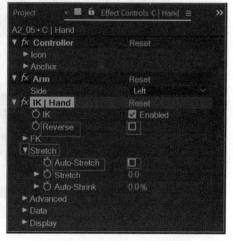

图 2-3-20　设置 IK | Hand 属性

（8）在时间轴面板中选中"眼睛"图层，按 Y 键，切换至中心点工具，在 Composition 面板中将该层的中心点移至如图 2-3-24 所示位置。按 S 键，取消勾选 Scale 属性的等比选项，将时间轴移至 0:00:00:00 位置，单击该层 Scale 属性左侧的"码表"按钮 ，创建起始关键帧；将时间轴移至 0:00:00:02 位置，设置 Scale 属性 Y 轴的数值为 20.0%，Composition 面板效果如图 2-3-25 所示；将时间轴移至 0:00:00:04 位置，设置 Scale 属性 Y 轴的数值为 100.0%，如图 2-3-26 所示。选择该层 Scale 属性的所有关键帧，按 Ctrl+C 组合键，复制关键帧，将时间轴移至 0:00:02:00 位置，按 Ctrl+V 组合键，粘贴关键帧。将时间轴移至 0:00:03:00 位置，单击 Position 左侧的 Add or remove keyframe at current time 按钮，添加一个数值不变的关键帧，如图 2-3-27 所示。按 Alt 键，同时单击 Scale 属性左侧的"码表"按钮🕒，为 Scale 属性添加一个表达式，输入的表达式内容为 loopOut()，如图 2-3-28 所示。

图 2-3-21　创建关键帧

图 2-3-22　创建缓动关键帧

图 2-3-23　添加表达式

图 2-3-24　移动中心点的位置

图 2-3-25　Composition 面板效果

图 2-3-26　创建关键帧动画

图 2-3-27　添加数值不变的关键帧

图 2-3-28　添加表达式

2. 制作结尾动画的合成

（1）在时间轴面板中切换至 02 合成面板，选择 BG 合成层，按 Ctrl+C 组合键，复制该合成层，切换至 03 合成面板，按 Ctrl+V 组合键，粘贴该合成层。在 Project 面板中展开 pic 文件夹，将 A2_05 合成拖至时间轴面板的 03 合成面板中，按 S 键，设置 Scale 的数值为 (80.0,80.0%)，如图 2-3-29 所示。

图 2-3-29　合成素材

（2）在时间轴面板中选中 A2_05 合成层，按 P 键，设置 Position 的数值为 (332.0,620.0)，将时间轴移至 0:00:00:20 位置，单击 Position 左侧的"码表"按钮 ，为该属性添加一个关键帧；将时间轴移至 0:00:00:00 位置，设置 Position 的数值为 (-300.0,620.0)，创建关键帧动画；单独选中 0:00:00:20 位置的关键帧，按 F9 键，执行 Easy Ease 命令，如图 2-3-30 所示。

图 2-3-30　创建缓冲关键帧

（3）在时间轴面板中继续选中 A2_05 合成层，按 Ctrl+Alt+T 组合键，将 A2_05 合成层时间重映射，选中该层的 Time Remap 属性，即可选中该层对应属性的关键帧，将所有关键帧中的初始关键帧的位置对应至 0:00:00:20 位置，可将卡通人物动画的开始时间修改为 0:00:00:20，如图 2-3-31 所示。

图 2-3-31　修改卡通人物动画的开始时间

（4）在时间轴面板中选中 BG 合成层，按 Ctrl+Y 组合键，新建一个名为 shadow 的黑色纯色层。选中时间轴面板的 shadow 纯色层，在工具栏中选择椭圆工具，如图 2-3-32 所示，在合成面板中绘制一个椭圆的蒙版，如图 2-3-33 所示。选中 BG 合成层，按 F 键，设置 Mask Feather 的数值为 (50.0,50.0)，如图 2-3-34 所示；按 T 键，设置 Opacity 的数值为 40%；选中 shadow 图层，打开 Parent 栏下拉菜单，在下拉菜单中选择"1. A2_05"选项，为两个图层建立父子关系，如图 2-3-35 所示。

图 2-3-32　选择椭圆工具

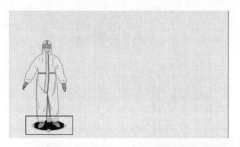

图 2-3-33　在合成面板中绘制椭圆蒙版

图 2-3-34　设置 Mask Feather 的参数　　图 2-3-35　设置 Opacity 的数值及建立父子关系

（5）在 Project 面板中选中 comps 文件夹中的 01 合成，双击 01 合成，时间轴面板将切换至 01 合成面板，选中"共同战'疫'做好防护"文字层，如图 2-3-36 所示，按 Ctrl+C 组合键复制该文字层，再单击 03 合成面板，按 Ctrl+V 组合键粘贴该文字层。单击该文字层的"可视"按钮，再按 U 键，单击该层 Position 属性左侧"码表"按钮，取消该层创建的位置动画；双击该文字层，修改该文字层的内容为"正确佩戴口罩 预防新冠肺炎"，如图 2-3-37 所示。合成效果如图 2-3-38 所示。

图 2-3-36　复制文字层　　　　　　　图 2-3-37　设置图层的参数和内容

（6）在时间轴面板中选择"正确佩戴口罩 预防新冠肺炎"文字层，按 P 键，设置 Position 的数值为 (1170.0,400.0)。选择"正确佩戴口罩 预防新冠肺炎"文字层，单击

制作结尾动画的
合成

Motion-3 面板，选择 TEXT-BREAK 选项，单击 BREAK LETTERS 的面板区域的任意位置，可将该文字层中的文字逐一拆分成独立的文字层。选中"正"文字层，按 P 键，显示该层的 Position 属性，按 Shift 键，先后单击第一层和最后一层的文字（"正"字和"炎"字），即可选中 12 个文字层，继续按 Shift 键（或者 Ctrl 键），同时单击"正"文字层的 Position 属性，如图 2-3-39 所示，单击 Motion-3 面板，选择 GRAB（采集）选项，如图 2-3-40 所示。通过采集选项即可采集所选图层的 Position 属性。

图 2-3-38 合成效果

图 2-3-39 选中 12 个文字层和"正"文字层的属性

图 2-3-40 选择 GRAB 选项

（7）执行菜单栏 Window → Randomatic 2.jsxbin 命令，如图 2-3-41 所示。在 Randomatic 2
面板中单击 APPLY（应用）按钮，如图 2-3-42 所示。在弹出的 Randomatic 对话框中单击
OK 按钮，如图 2-3-43 所示，即可在时间轴面板中同时创建 Randomatic Controllers 控制层，
如图 2-3-44 所示。

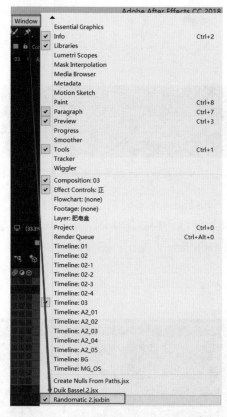

图 2-3-41　执行 Randomatic 2.jsxbin 命令

图 2-3-42　单击 APPLY 按钮

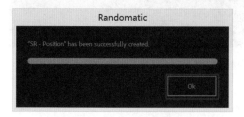

图 2-3-43　单击 OK 按钮

图 2-3-44　创建 Randomatic Controllers 控制层

（8）在时间轴面板中选中 Randomatic Controllers 图层，在 Effect Controls 面板中展
开 Options 属性，设置 strength 的数值为 -1000%，取消勾选 absolute 属性，设置 random
generator 的数值为 3135，展开 Values 属性，设置 X axis（min./max.）（X 轴数值）为
0.0，设置 Y axis（min./max.）（Y 轴数值）为 700.0，如图 2-3-45 所示。将时间轴移至
0:00:00:00 位置，单击 strength 属性左侧的"码表"按钮，为该属性添加关键帧；将时间
轴移至 0:00:01:00 位置，设置 strength 的数值为 0%，为该属性创建关键帧动画。在时间

轴面板中选中 Randomatic Controllers 图层，按 U 键，显示该层的关键帧属性，选中该图层的 strength 属性，单击 Graph Editor（图表编辑器）按钮，如图 2-3-46 所示，进入图表编辑器窗口，将时间轴面板切换至图表视图模式。

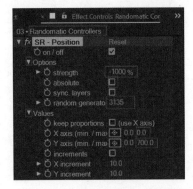

图 2-3-45　设置 SR-Position 的参数

图 2-3-46　选中图层属性后切换至图表编辑器窗口

（9）在图表编辑器窗口中单击 Choose graph type and options 按钮，在弹出的界面中选择 Edit Speed Graph 选项，如图 2-3-47 所示，将编辑器切换成速率图表编辑模式，调整 strength 属性的曲线效果如图 2-3-48 所示。单击 Graph Editor 按钮，可将时间轴面板切换至 03 合成面板。在时间轴面板中选中 Randomatic Controllers 图层的 strength 属性，再单击 Motion-3 面板右下角的工具按钮，选择 EXCITE 选项，如图 2-3-49 所示。

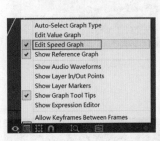

图 2-3-47　切换速率图表编辑模式　　　图 2-3-48　调整关键帧动画的曲线效果

3. 制作 MG 动画的总合成

（1）在 Project 面板中选中 comps 文件夹，再单击该面板的"新建合成"按钮，在弹出的"新建合成"对话框中，设置 Composition Name 为 ALL，Preset 选择 HDTV 1080 25，合成默认设置 Width 为 1920 px，Height 为 1080 px，Frame Rate 为 25，并设置 Duration 为 0:01:00:00，单击 OK 按钮，如图 2-3-50 所示。在 Project 面板中，将 comps 文件中 01 合成、02 合成和 03 合成移至 ALL 合成面板中，如图 2-3-51 所示。同时按顺序选中 01 合成层、02 合成层和 03 合成层，右击，在弹出的界面中选择 Keyframe Assistant → Sequence Layers 命令，在弹出的 Sequence Layers 对话框中单击 OK 按钮，时间轴面板如图 2-3-52 所示。

图 2-3-49 添加弹性动画效果

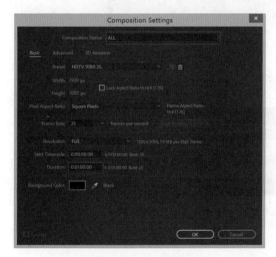

图 2-3-50 新建合成

图 2-3-51 将素材拖至时间轴面板进行合成

图 2-3-52 将素材进行序列排列

（2）按 Ctrl+I 组合键，分别导入素材 transitions 文件夹和 BGM 文件夹，如图 2-3-53 所示。在 Project 面板中展开 transitions 文件夹，将 trans1.mov 视频素材放置在 ALL 合成面板的顶层。将时间轴移至 0:00:12:07 位置，选中 trans1.mov 层，按 [键，可自动将素材的起始时间更改为 0:00:12:07；在 Project 面板中将 trans2.mov 视频素材放置在 ALL 合成面板的顶层。将时间轴移至 0:00:42:22 位置，选中 trans2.mov 层，按 [键，可自动将素材的起始时间更改为 0:00:42:22，如图 2-3-54 所示。

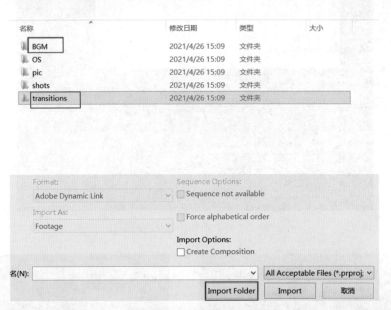

图 2-3-53 导入素材文件

图 2-3-54 修改视频素材的初始时间

（3）在时间轴面板中选中 trans1.mov 层。在 Effects & Presets 面板中搜索 Invert（反相）特效，即可在 Channel（通道）特效组中搜索到 Invert 特效，如图 2-3-55 所示，双击该特效，为 trans1.mov 层添加反相效果，合成效果如图 2-3-56 所示。选中 trans2.mov 层，双击 Invert 特效，同样为该视频层添加反相特效。

（4）在 Project 面板中展开 BGM 文件夹，将 Fredji - Happy Life.mp3 音频素材放置在 ALL 合成面板的底层。在时间轴面板中展开音频层的参数设置，再继续展开 Audio 属性。将时间轴移至 0:00:49:04 位置，单击 Audio Levels 左侧的"码表"按钮，设置 Audio Levels 的数值为 -12.00 dB，创建起始关键帧；将时间轴移至 0:00:50:09 位置，设置 Audio Levels 的数值为 -24.00 dB，创建第 2 个关键帧，如图 2-3-57 所示。

（5）时间轴移至 0:00:50:09 位置，按 N 键，可将 Work Area（工作区域）的时间调整为 0:00:50:09，如图 2-3-58 所示。按 Ctrl+Shift+X 组合键，可将 ALL 合成的时间轴裁剪至目标区域，如图 2-3-59 所示。合成效果如图 2-3-60 和图 2-3-61 所示。

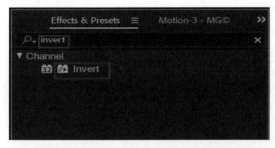

图 2-3-55 搜索 Invert 特效

图 2-3-56 合成效果

图 2-3-57 创建音频关键帧

图 2-3-58 调整工作区域的时间

图 2-3-59 裁剪合成至目标区域

图 2-3-60 时间轴在 0:00:12:15 位置的合成效果

图 2-3-61　时间轴在 0:00:44:18 位置的合成效果

项目拓展

请同学们制作一个 1 分钟左右的公益广告宣传片（MG 动画）。该片以"低碳出行 绿色生活"为主题，分别以开篇内容、正文内容和结尾内容进行设计。

重要提示：

（1）认真观看"网络广告视频——新冠病毒防疫科普（MG 动画）"，分析图文动画的效果设计，结合所学知识，将其特效技术进行分解，设计制作"低碳出行 绿色生活"公益宣传广告的开篇内容。

（2）可将所在城市的环境风貌作为背景画面或元素，制作"低碳出行 绿色生活"公益宣传广告的正文内容。

（3）策划时需把公益广告的正文内容进行有序地梳理，在配音时掌握好节奏，提前准备与内容相符的画面元素，进行组合设计。

思考与练习

1. 选择题

（1）以下（　）是 AE 自带的特效或脚本。

A. Motion-3　　　B. Magnify　　　　C. Duik Bassel　　　　D. Randomatic 2

（2）下列对塌陷开关表述正确的是（　）。

A. 塌陷开关只能作用在合成层上

B. 塌陷开关只能作用在矢量层上

C. 塌陷开关既能作用在合成层上，也能作用在矢量层上

D. 塌陷开关不能作用在合成层和矢量层上

（3）下列对 Duik Bassel 脚本描述错误的是（　）。

A. Duik Bassel 在 AE 中可以对二维人物角色进行骨骼绑定

B. Duik Bassel 不仅可以绑定角色的身体，而且可以对角色面部进行绑定

C. Duik Bassel 可以绑定车辆和动物

D. Duik Bassel 不能够制作动画

2．判断题

（1）Motion-3 主要用于在 AE 中创建高端 MG 运动图形，同时还可以制作绚丽的光效。

（　　）

（2）Duik Bassel 仅有二维人物角色骨骼绑定一种功能。（　　）

（3）Randomatic 2 面板中有静态随机、动画随机、摆动 3 种效果可供选择使用。

（　　）

3．实训题

（1）制作公益宣传广告的开篇文字动画效果。

（2）对公益宣传广告中的人物角色进行骨骼绑定，制作一段人物的动画设计。

（3）制作公益宣传广告中其他元素的动画效果。

项目 **3**

电影综合特效——影片中常见的特效制作

项目导读

计算机技术的进步促进了影视行业的飞速发展，越来越多的数字技术被应用在影视作品中。数字技术可将现实中难以完成的场景通过计算机进行处理制作，丰富视觉，提高影片表现力。目前影视后期特效合成不再局限于影视制作，而是扩大到多媒体、网络、电脑游戏等更为广阔的领域。电影、电视、广告、动画都涉及影视后期特效合成技术。

教学目标

★掌握色彩调节基本原理。

★掌握波形监视器、矢量示波器、柱形图、曲线展示的信息与调整方式。

★掌握 Mocha 插件的使用及参数调整。

★掌握 3D Track Camera 的使用方法、参数设置。

任务 **3.1** 视频画面的调色

【任务描述】

视频调色有两个目的：一是颜色校正，二是颜色调整。

颜色校正是修正画面的颜色问题，让视频颜色看起来更自然，尽量和人眼所看到的真实世界一致。

颜色调整则与创意相关，目的是通过调整画面色调来创造特殊的氛围，从而产生某种艺术效果。

【任务要求】

在"视频画面的调色"任务中，使用 Color Finesse 3 对偏色视频进行颜色调整。掌握色彩调节基本原理，掌握波形监视器、矢量示波器、柱形图、曲线展示的信息与调整方式。

【知识链接】

Color Finesse 3 详解

Color Finesse 3 共有 4 个主窗口，分别是"参数分析"窗口、"图像显示"窗口、"参数设置"窗口和"色彩信息"窗口。除"色彩信息"窗口外，其他每个窗口都有一组标签按钮，选择不同的标签可以选择窗口中不同的操作面板。我们在进行调色时，经常要在这些窗口中进行切换。

（1）"参数分析"窗口用来监测图像的各种参数及技术指标。这些参数及技术指标是调色的理论依据，各种形式的波形监视器（Luma WFM、YC WFM、RGB WFM、YRGB WFM、Ycbcr WFM）、矢量示波器（Vectorscope）、柱状图（Histograms）、调和曲线（Tone Curves）都集成在"参数分析"窗口，它们都是调色的重要工具。Color Finesse 3 还提供了一个 Combo（综合）面板，将亮度波形监视器、矢量示波器、曲线、柱状图等 4 个比较重要的工具集中到一个面板，在进行调色时，可以在这里同步看到各种参数的变化。除了上述工具外，此窗口还提供了一个 Reference（参照图形）面板，调色时，参考图形从这里调入，收藏夹按钮（Gallery）可以导入参考图像，如图 3-1-1 所示。

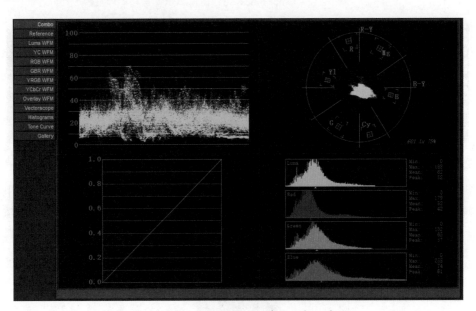

图 3-1-1　Color Finesse 3 "参数分析"窗口

（2）"图像显示"窗口的标签按钮用于显示不同的图像观察方式。"结果"（Result）标签按钮用于显示调色后的图像；"来源"（Source）标签按钮用于单独显示原图像；"参考"（Reference）标签按钮用于在窗口中显示参考图像；"分隔来源"（Split Source）标签按钮用于对图像进行分割显示，分割显示的可以是同一个图像，也可以是两个不同的图像，图像分成左右两部分，左部是调色前的原始图像，右部是调色后的图像，分割区域大小可以任意改变（拖动窗口上下两端的白色三角形箭头进行调节）；"分隔参考"（Split Ref）标签按钮用于显示素材调整后的部分；"亮度范围"（Luma Ranges）标签按钮用于显示图像的暗部、中间调、亮部的亮度值，如图 3-1-2 所示。

（3）"参数设置"窗口可以进行整体调色和局部调色（二级调色）。二级调色可对图像中多个色彩进行调色，使用十分方便，如图 3-1-3 所示。

图 3-1-2　Color Finesse 3 "图像显示" 窗口

图 3-1-3　Color Finesse 3 "参数设置" 窗口

（4）"色彩信息"窗口的吸色器用于提取原图像色彩，如图 3-1-4 所示，窗口下部用于选择目标图像的色彩，中部的按钮是配色开关，只要选好了两幅图像的色彩，按下这个开关，配色自动完成。

图 3-1-4　Color Finesse 3 "色彩信息" 窗口

【任务实施】

视频画面的调色

（1）打开 After Effects，双击 Project 面板导入素材，如图 3-1-5 所示。

视屏画面调色

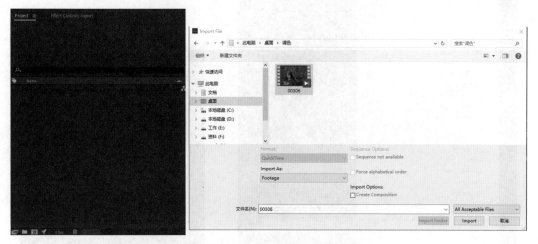

图 3-1-5　导入素材

（2）拖动素材到"合成"图标，使用素材新建合成，如图 3-1-6 所示。

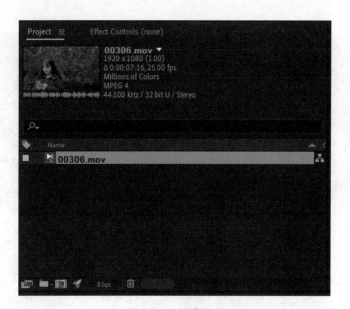

图 3-1-6　新建合成

（3）在 Effect 菜单下面选择 Synthetic Aperture → SA Color Finesse 3 命令，如图 3-1-7 所示，在弹出的界面中单击 Full Interface 按钮进入完整界面，如图 3-1-8 所示。

（4）选择左侧 RGB WFM 标签，如图 3-1-9 所示。

（5）在 RGB WFM 标签下的波形图展示了当前视频中 RGB 的值是如何分布的。其中 0 线代表暗部，100 线代表亮部。如果画面颜色正确，信息将会在 0 到 100 之间分布。在本段素材中，蓝色信息明显多于红色和绿色信息，导致画面偏蓝。同时，RGB 信息都集中在底部，导致画面偏暗，如图 3-1-10 所示。

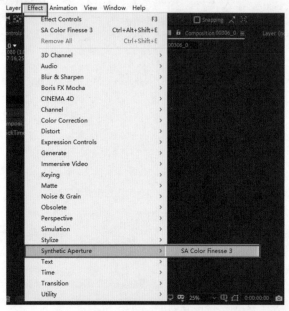

图 3-1-7　选择 SA Color Finesse 3 命令

图 3-1-8　进入完整界面

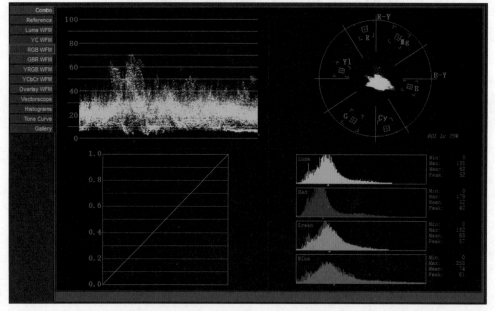

图 3-1-9　选择 RGB WFM 标签

（6）在"参数设置"窗口左侧选择 RGB 标签。在 Master 面板下面可以同时调整 RGB 值的中间调、暗部、亮部，也可以只单独针对某一个颜色通道进行调整，如图 3-1-11 所示。

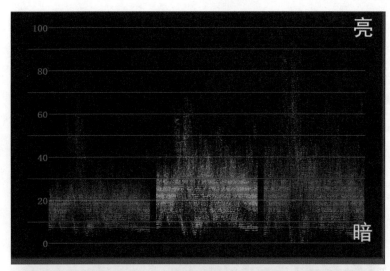

图 3-1-10　解读波形图信息

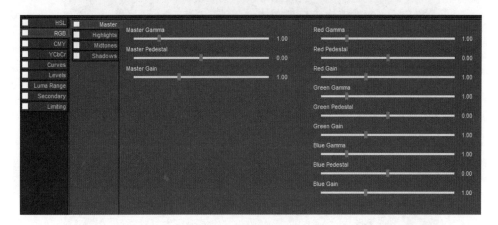

图 3-1-11　选择 RGB 标签

（7）针对问题进行具体调整。首先降低蓝色的亮部，往左拖动 Blue gain 滑块进行调节，如图 3-1-12 所示；然后稍稍降低红色和绿色的暗部，如图 3-1-13 所示。

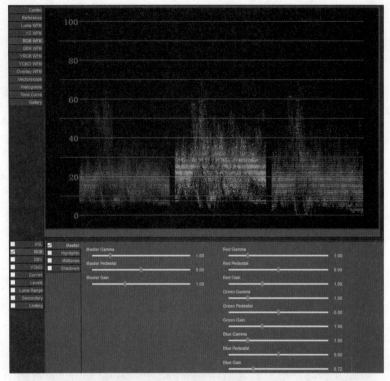

图 3-1-12　降低蓝色的亮部

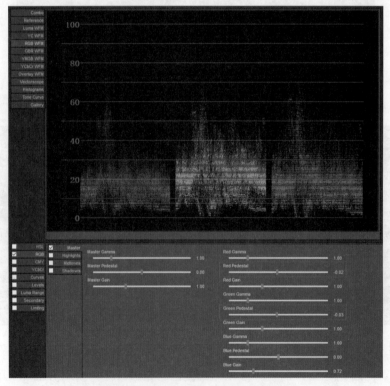

图 3-1-13　降低红色和绿色的暗部

（8）可通过切换"图像显示"窗口的 Result 和 Source 标签观察调整结果。通过上述调整，偏色基本已经得到调整，但视频整体仍然偏暗，如图 3-1-14 所示。

（9）调节整体的亮部、暗部及中间调，如图 3-1-15 所示。

图 3-1-14 观察调整结果

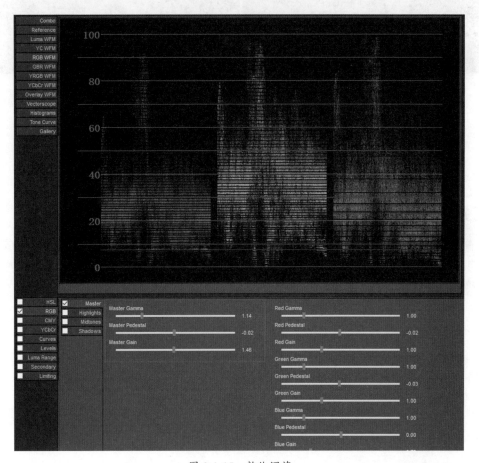

图 3-1-15 整体调节

（10）选择 Curves 标签，分别调整 R、G、B 通道曲线，增加颜色层次对比，如图 3-1-16 所示。至此本任务制作完成，效果对比如图 3-1-17 所示。

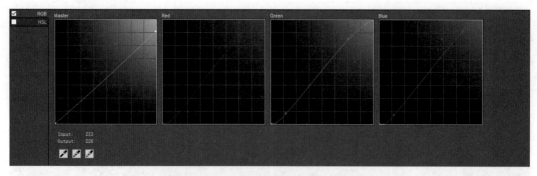

图 3-1-16 分别调整 R、G、B 通道曲线

图 3-1-17 效果对比

任务 3.2 Mocha 屏幕替换

【任务描述】

视频运动追踪的目的在于对动态画面的运动轨迹进行追踪记录，从而制作跟随效果。结合抠像功能，便可以随意改变画面指定内容。本任务结合抠像功能对手机屏幕内容进行替换，这项技术可用于电脑、电视屏幕及广告牌等。

【任务要求】

在"Mocha 屏幕替换"任务中，主要学习 Mocha 插件的使用及参数调整，掌握其使用的基本原理，熟练运用钢笔工具进行绘制，掌握屏幕杂色效果的制作以及抠像时的细节处理等方法与技巧。

【知识链接】

Mocha 详解

Mocha 是 Imagineer Systems 公司开发的一款高效强大的跟踪软件，有插件版和完整版两个版本。Mocha 2020 操作界面布局可修改，默认界面为 Essentials，可在界面切换栏进行选择，如图 3-2-1 所示。

图 3-2-1　默认界面为 Essentials

图 3-2-2 所示为 Mocha 基本工具栏。

图 3-2-2　Mocha 基本工具栏

Save Project：保存工程。

Select：样条和点的选择工具。按住此按钮可在选框选择和套索选择之间进行选择。

Pan：在查看器中平移镜头。

Zoom：用于放大观看者的镜头。

Create X-Spline Layer：绘制新的 X 样条图层。

Create New Magnetic Layer：创建磁性样条线。

Create Rectangle X-Spline Layer：绘制新的矩形 X 样条。

Create Circle X-Spline Layer：绘制新的圆形层。

Show Planar Surface：开 / 关平面视图。

Show Planar Grid：开 / 关平面网格显示（可以在 Viewer 首选项下调整网格行数）。

Align Surface：扩展图层表面，自动适应当前帧尺寸（所有跟踪数据都是相对于这种新的对齐方式进行）。

【任务实施】

Mocha 屏幕替换

（1）打开 AE，双击 Project 面板导入视频素材，如图 3-2-3 所示。使用素材新建合成，修改合成名称为"追踪"，如图 3-2-4 所示。

（2）在 Effect 菜单下面找到 Boris FX Mocha，单击选择 Mocha AE 命令，打开插件。单击 MOCHA 按钮，如图 3-2-5 所示，打开 Mocha1（启动使用）。

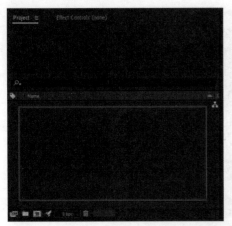

图 3-2-3 导入视频素材

图 3-2-4 修改合成名称

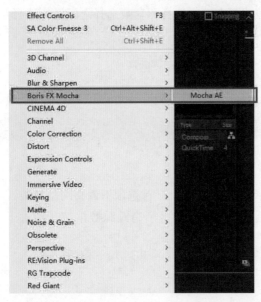

图 3-2-5 单击 MOCHA 按钮

（3）使用钢笔工具追踪运动手指。在工具栏中选择钢笔工具，沿着手指轮廓进行绘制，完成后右击进入闭合状态。将生成的新层改名为"手指"，如图 3-2-6 所示。单击 Track motion options 下的打开透视开关按钮，单击 ▶ 按钮向前进行画面分析，如图 3-2-7 所示。如果脱离跟踪范围，单击"暂停"按钮，调整选择范围继续跟踪，如图 3-2-8 所示。跟踪手指轨迹是为了使后续跟踪手机屏幕不受手指干扰。

图 3-2-6　使用钢笔工具追踪运动手指

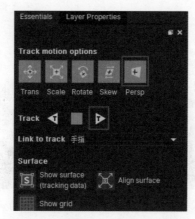

图 3-2-7　打开透视向前进行画面分析

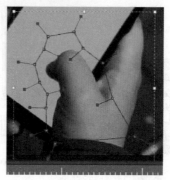

图 3-2-8　调整选择范围

（4）使用钢笔工具追踪手机。继续在工具栏中选择钢笔工具，沿着手机边界进行绘制，如图 3-2-9 所示。打开显示表面追踪数据按钮 ，将蓝色平面的上下左右 4 个顶点分别贴合到手机屏幕的 4 个顶点，如图 3-2-10 所示。将生成的新层改名为"手机"。关闭手指层齿轮开关并锁定，将"手机"层拖至手指层下方，如图 3-2-11 所示。继续开启透视开关，向前分析追踪画面。追踪结束后检查追踪结果，确认无误后选择 File → Save Project 命令进行保存，如图 3-2-12 所示。关闭 Mocha，回到 AE 界面。

图 3-2-9　沿着手机边界进行绘制

图 3-2-10　将 4 个顶点分别贴合到手机屏幕的 4 个顶点

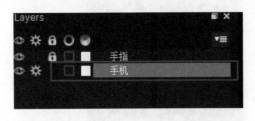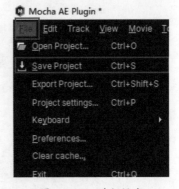

图 3-2-11　关闭手指层齿轮开关并锁定　　　　图 3-2-12　进行保存

（5）新建合成，命名为"替换"，设置合成参数与"追踪"合成一致，如图 3-2-13 所示。导入图片素材，将其放入"替换"合成，如图 3-2-14 所示，按快捷键 S 调出图层的 Scale 属性，修改图片尺寸与合成大小相符，如图 3-2-15 所示。

图 3-2-13　新建合成

图 3-2-14　导入图片素材

图 3-2-15　设置 Scale 的参数

（6）将"替换"合成放入主合成，单击"小眼睛"图标，先关闭显示。选择"追踪"图层，在 Effect Controls 面板 Mocha 下展开 Tracking Data，选择 Create Track Date，如图 3-2-16 所示。在弹出的对话框中将"小齿轮"放在"手机"选项前，读取"手机"层的追踪数据，完成后单击右下角 OK 按钮，如图 3-2-17 所示。在"追踪"层上使用快捷键 U 展开关键帧信息，可看到追踪数据，如图 3-2-18 所示。

图 3-2-16　选择 Create Track Date

图 3-2-17　读取"手机"层的追踪数据

图 3-2-18　展开关键帧信息

（7）选择"替换"层，在 Effect 菜单下选择 Distort 选项，在弹出的下拉列表中选择 CC Power Pin，如图 3-2-19 所示。将"替换"层下 CC Power Pin 数据与"追踪"层下 Mocha 数据链接。打开"替换"层"小眼睛"，"替换"层已贴入手机屏幕，如图 3-2-20 所示。

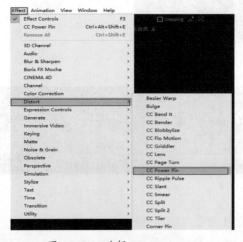

图 3-2-19　选择 CC Power Pin

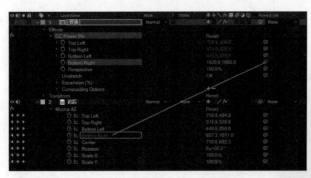

图 3-2-20　数据链接

数据追踪

（8）按 Ctrl+D 组合键，复制创建"追踪"层，默认名称为"追踪 2"，将其置于顶层，删除 Mocha 效果，如图 3-2-21 所示。在 Effect 菜单下选择 Keying 项，在弹出的下拉列表中选择 Keylight(1.2)，通过 Screen Colour 吸取手机屏幕绿色信息进行抠像，如图 3-2-22 所示。

（9）精细调整选区。打开 View 右侧的下拉菜单，选择 Screen Matte。在 Screen Matte 下，通过调整 Clip Black 与 Clip White 数值来增强黑白对比度，如图 3-2-23 所示。完成调整后返回 Intermediate Result，放大显示可看到溢出的绿色边缘，如图 3-2-24 所示。在

Effect 菜单下选择 Keying 项，在弹出的下拉列表中选择 Advanced Spill Suppressor，如图 3-2-25 所示。继续放大观察，左侧边缘仍有绿色溢出。在"替换"层 CC Power Pin 下选择 Expansion，增加 Left 参数值，如图 3-2-26 所示。返回"追踪 2"层，选择 Keylight 特效，增加 Screen Matte 下的 Screen Softness 参数值，柔化边缘，如图 3-2-27 所示。

图 3-2-21　删除 Mocha 效果

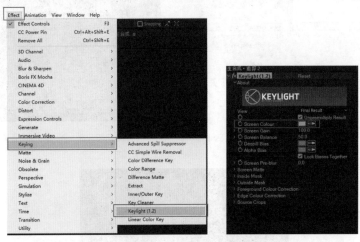

图 3-2-22　抠像

图 3-2-23　增强黑白对比度

图 3-2-24　查看溢出

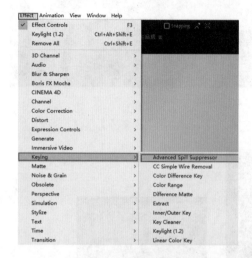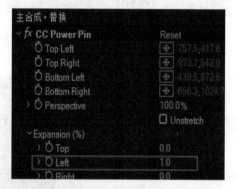

图 3-2-25　选择 Advanced Spill Suppressor　　　图 3-2-26　增加 Left 参数值

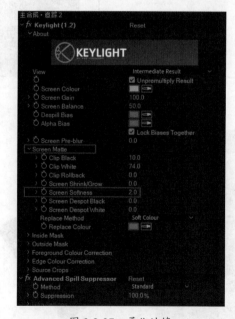

图 3-2-27　柔化边缘

（10）为屏幕添加杂色效果。选择"替换"层，在 Effect 菜单下选择 Noise & Grain 选项，在弹出的下拉列表中选择 Noise，如图 3-2-28 所示，调整 Amount of Noise 参数值，如图 3-2-29 所示。

（11）制作图片滑动效果。进入"替换"合成。按"P"键可显示 Position 属性，结合手指运动，在 0:00:01:19 至 0:00:01:40 处设置关键帧，移动 Position Y 轴位置，制作关键帧动画，如图 3-2-30 所示。在 0:00:02:45 处设置关键帧，如图 3-2-31 所示。继续在 0:00:02:46 至 0:00:01:40 处设置关键帧，移动 Position Y 轴位置，制作关键帧动画，如图 3-2-32 所示。

细节调整

（12）回到主合成，预览效果，保存文件，完成本制作任务。合成效果如图 3-2-33 所示。

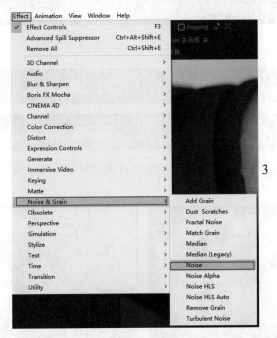

图 3-2-28　添加杂色效果

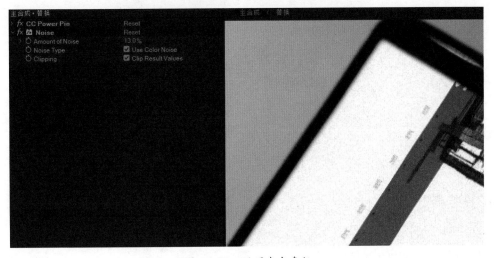

图 3-2-29　设置杂色参数

图 3-2-30　制作关键帧动画

图 3-2-31　在 0:00:02:45 处设置关键帧

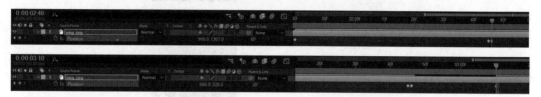

图 3-2-32　在 0:00:02:46 至 0:00:01:40 处设置关键帧并移动 Position Y 轴位置

图 3-2-33　合成效果

任务 3.3 科技城市

【任务描述】

通过视频特效结合实拍，展示数字化科技感的城市效果。

【任务要求】

在"科技城市"任务中，主要学习掌握 3D Track Camera 的使用方法及参数设置、三维图层的调整、Particular 的使用等。

【知识链接】

3D 摄像机面板如图 3-3-1 所示。

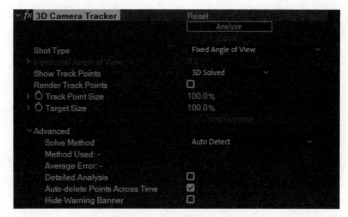

图 3-3-1　3D 摄像机面板

分析和取消（Analyze and Cancel）：开始或停止素材的后台分析。

拍摄类型（Shot Type）：指定是以固定的水平视角、可变缩放还是以特定的水平视角来捕捉素材（更改此设置需要重新解析）。

水平视角（Horizontal Angle of View）：指定解析器使用的水平视角，仅当拍摄类型设置为指定视角时才启用。

显示轨迹点（Show Track Points）：将检测到的特性显示为带透视提示的 3D 点（已解析的 3D）或由特性跟踪捕捉的 2D 点（2D 源）。

渲染跟踪点（Render Track Points）：控制跟踪点是否渲染为效果的一部分。

跟踪点大小（Track Point Size）：更改跟踪点的显示大小（着色的 X）。

目标大小（Target Size）：更改目标的显示大小（红色的圆圈）。

创建摄像机（Create Camera）：创建 3D 摄像机（在通过上下文菜单创建文本、纯色或空图层时，会自动添加一个摄像机）。

解决方法（Solve Method）：提供有关场景的提示以帮助解析摄像机，通过尝试以下方法来解析摄像机。

自动检测（Auto Detect）：自动检测场景类型。

典型（Typical）：将场景指定为纯旋转场景或最平场景之外的场景。

最平场景（Mostly Flat Scene）：将场景指定为最平场景。

三脚架全景（Tripod Pan）：将场景指定为纯旋转场景。

平均误差（Method Used）：显示原始 2D 原点与 3D 已解析点在源素材的 2D 平面上重新投射之间的平均差异（以像素为单位），如果跟踪 / 解析是完美的，则此误差将为 0，并且如果在 2D 源与已解析的 3D 跟踪点之间进行切换，不会存在可见差异，可以使用此值来指示删除点（更改解决方法或进行其他更改会降低该值并因此而改进跟踪）。

详细分析（Detailed Analysis）：当选中该项时，会让下一个分析阶段执行额外的工作来查找要跟踪的元素。启用该选项时生成的数据（作为效果的一部分存储在项目中）会更大且生成的速度更慢。

跨时间自动删除点（Auto-delete Points Across Time）：当在 Composition 面板中删除跟踪点时，相应的跟踪点（即同一特性 / 对象上的跟踪点）将在其他时间线上也被删除，不需要逐帧删除跟踪点来提高跟踪质量。例如，如果跑过场景的人的运动不考虑用于确定摄像机的摄像运动方式，则可以删除此人身上的跟踪点。

隐藏警告横幅（Hide Warning Banner）：当警告横幅指示需要重新分析素材，而你不希望重新分析时，使用此选项。

【任务实施】

1. 创建实底和摄像机

（1）打开 After Effects，双击 Project 面板导入视频素材，如图 3-3-2 所示。将导出的素材拖至"合成"按钮上，创建新合成，如图 3-3-3 所示。

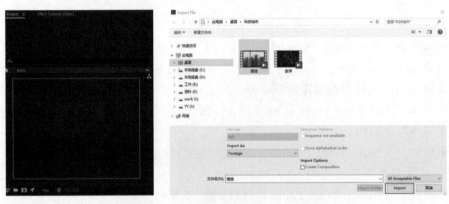

图 3-3-2　导入素材

图 3-3-3　使用素材新建合成

（2）在 Animation 菜单下选择 Track Camera，等待后台分析与解析，如图 3-3-4 所示。分析结束后，选择高楼一个面上的跟踪点，右击，选择 Create Solid and Camera 命令，如图 3-3-5 所示。用相同的方式在其余高楼上创建实底，如图 3-3-6 和图 3-3-7 所示。

图 3-3-4　解析摄像机

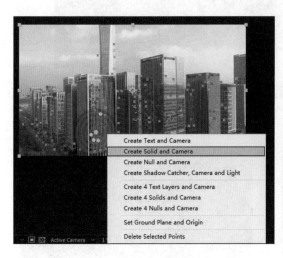

图 3-3-5　选择 Create Solid and Camera 命令

2. 制作楼面立方体

（1）制作楼面立方体。新建合成，命名为"面"，如图 3-3-8 所示。在"面"合成中新建蓝色纯色层，如图 3-3-9 所示。双击矩形工具，为图层创建矩形蒙版，如图 3-3-10 所示。

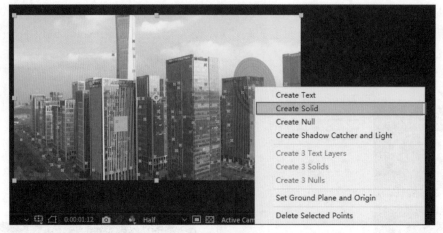

图 3-3-6　创建实底 1

图 3-3-7　创建实底 2

图 3-3-8　合成参数设置

图 3-3-9　纯色层参数设置

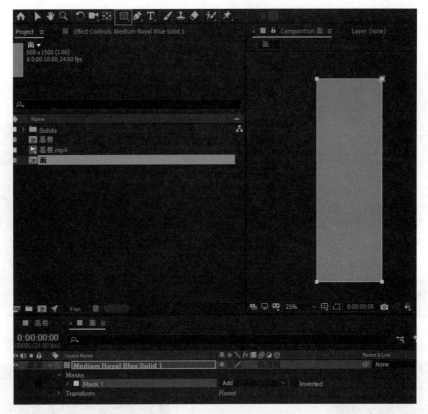

图 3-3-10　创建矩形蒙版

（2）展开图层下 Masks，调整 Mask Expansion、Mask Feather，勾选 Inverted，将 Opacity 修改为 60%，如图 3-3-11 所示。

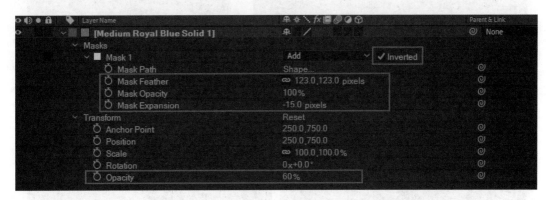

图 3-3-11　参数调节

（3）复制蓝色纯色层，在 Effect 菜单下选择 Generate，在弹出的下拉列表中选择 Grid，添加网格特效，并调整参数，如图 3-3-12 和图 3-3-13 所示。选中网格特效层，右击，选择 Pre-Compose，将图层预合成。选择 Move all attributes into the new composition 单选按钮，将所有属性移动到新合成，如图 3-3-14 所示。

制作楼面立方体

图 3-3-12 添加网格特效

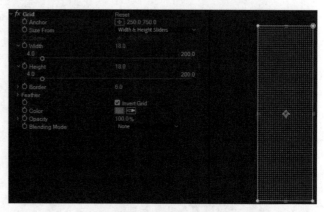

图 3-3-13 修改特效参数

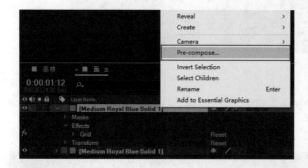

图 3-3-14 预合成图层

制作数据流

（4）使用矩形工具，在预合成图层上绘制矩形蒙版，为 Mask Path（蒙版路径）创建关键帧，使蒙版从下至上运动，如图 3-3-15 所示。

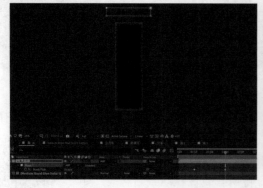

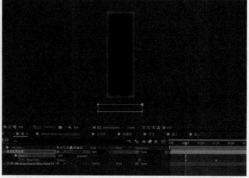

图 3-3-15 为蒙版路径创建关键帧

（5）新建合成，命名为"立方体"，如图 3-3-16 所示，将"面"合成复制 3 次，并将它们拖入"立方体"合成，打开三维层开关，如图 3-3-17 所示。

图 3-3-16　新建"立方体"合成　　　　　　图 3-3-17　将合成转为三维

（6）将"面 2"层和"面 3"层中心点位置分别移到左、右两侧，如图 3-3-18 和图 3-3-19 所示，将其分别沿 Y 轴旋转 90° 和 -90°，如图 3-3-20 所示。

图 3-3-18　"面 2"层中心点位置　　　　　图 3-3-19　"面 3"层中心点位置

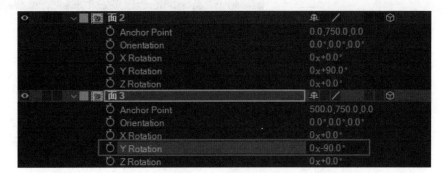

图 3-3-20　沿 Y 轴旋转

（7）将"面 4"层位置修改为 (250.0,750.0,-500.0)，如图 3-3-21 所示。打开双视图模式，配合摄像机工具查看立方体，如图 3-3-22 所示。

图 3-3-21　修改 Position 参数

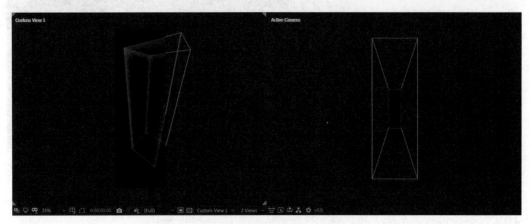

图 3-3-22　查看立方体

（8）导入素材"数字"并将其拖入"面"合成，如图 3-3-23 所示。复制"数字"层，选中两个"数字"层，按快捷键 S 展开 Scale 属性，修改参数为 (70.0,70.0%)，并调整到合适位置，修改层混合模式为 Add，如图 3-3-24 所示。

图 3-3-23　导入素材

3. 使用追踪数据将立方体放入高楼

（1）将"立方体"拖入"高楼"合成，打开"立方体"层的折叠及三维开关，如图 3-3-25 所示。

（2）选中第 1 个高楼的实底层，按快捷键 P 展开 Position 属性，按 Ctrl+C 组合键复制数据，按 Ctrl+V 组合键将其粘贴在"立方体"Position 属性上，如图 3-3-26 所示。

（3）关闭显示实底层，调整立方体使之与高楼匹配，如图 3-3-27 所示。

（4）用同样的方法调整立方体与其他高楼匹配，如图 3-3-28 所示。

4. 制作数字数据流

（1）新建合成，命名为"数据流"，如图 3-3-29 所示，右击，选择 New → Solid 命令，新建纯色层，将其命名为"粒子"，如图 3-3-30 和图 3-3-31 所示。

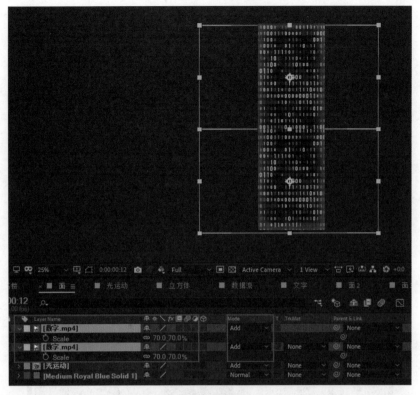

图 3-3-24 调整素材

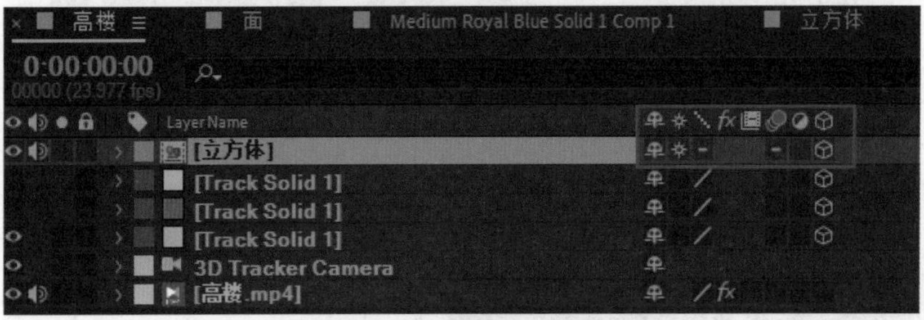

图 3-3-25 打开折叠及三维开关

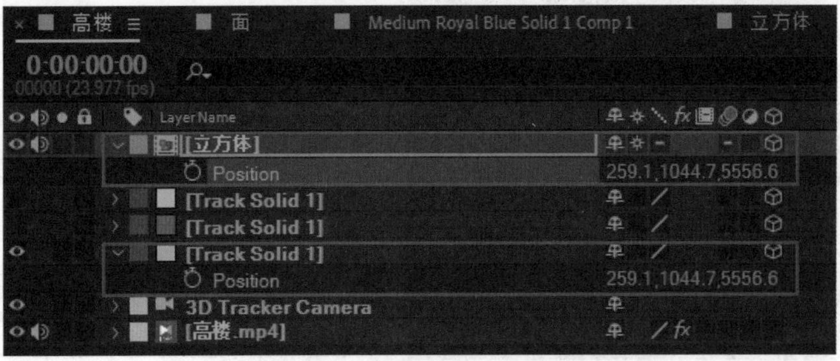

图 3-3-26 粘贴 Position 属性

图 3-3-27　调整立方体与第 1 个高楼匹配

图 3-3-28　调整立方体与其他高楼匹配

图 3-3-29　新建合成

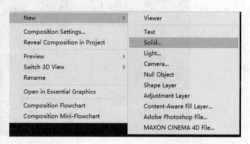

图 3-3-30　新建纯色层

图 3-3-31 将纯色层命名为"粒子"

（2）在 Effetc 菜单下选择 RG Trapcode 项，在弹出的列表中选择 Particular 命令，为图层添加粒子特效，如图 3-3-32 所示。

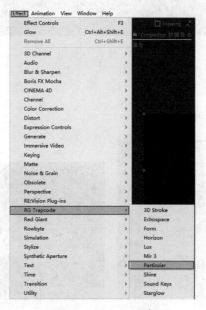

图 3-3-32 添加粒子特效

（3）在 Emitter（发射器）下，将 Velocity（速度）改为 0.0，将 Emitter Type（发射器类型）改为 Box（盒状），调整 Emitter Size（发射器尺寸）的 X、Y、Z 值，使它铺满合成，如图 3-3-33 所示。

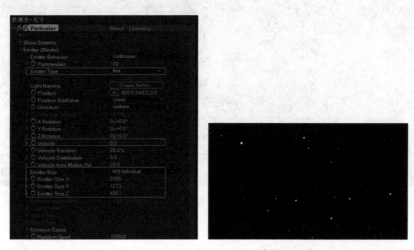

图 3-3-33 修改 Emitter 参数

（4）在 Physics 下将 Gravity（重力）改为 -200.0。重力值为正，粒子往下运动，重力值为负，粒子往上运动，如图 3-3-34 所示。

图 3-3-34　修改 Gravity 参数

（5）在 Aux System（子粒子系统）下，将 Emit（发射）改为 Continuously（连续），将 Life（生命值）改为 0.8，得到拖尾效果，如图 3-3-35 所示。

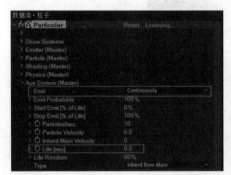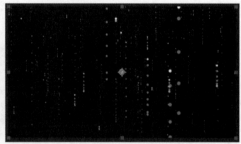

图 3-3-35　修改 Aux System 参数

（6）右击选择 New → Text 命令，新建文本层，输入数字 0，修改文字大小、颜色，如图 3-3-36 所示。

图 3-3-36　修改 Text 参数

（7）展开 Text 属性，选择 Source Text，按住 Alt 键单击 Source Text 左侧的"码表"按钮，单击█按钮，出现表达式，如图 3-3-37 所示。

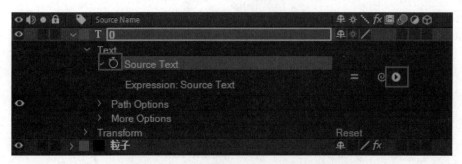

图 3-3-37　在 Source Text 下展开表达式

（8）选择 Random Numbers → random() 命令，如图 3-3-38 所示。

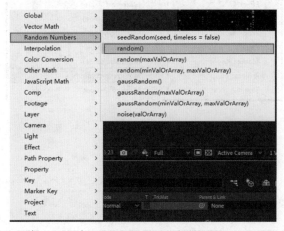

图 3-3-38　选择随机数表达式

修改表达式为

a=random(0,9);
上述表达式将使数值在 0 ～ 9 之间随机出现，如图 3-3-39 所示。

图 3-3-39　修改表达式及出现的效果

选择 JavaScript Math → Math.round (value) 命令，如图 3-3-40 所示。

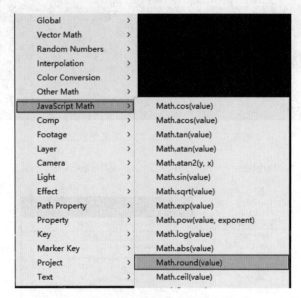

图 3-3-40　选择取整表达式

修改表达式为

```
a=random(0,9);
Math.round(a)
```

上述表达式将数值变为整数，如图 3-3-41 所示。

图 3-3-41　修改表达式

（9）按 Ctrl+Shift+C 组合键将文字层进行预合成，将其命名为"文字"，如图 3-3-42 所示。双击进入"文字"合成，选择 Composition → Composition Settings 命令，修改合成尺寸为 150px×150px，如图 3-3-43 所示。

（10）在"数据流"合成中选择"粒子"层。在 Particule 下，选择 Particule Type 为 Sprite；展开 Texture，Layer 选择"文字"层；增加 Size 和 Size Random 的值。这样就把文字作为粒子发射了，如图 3-3-44 所示。

（11）在 Effect 菜单下选择 Stylize 项，在弹出的下拉列表中选择 Glow，为"粒子"层添加发光特效，如图 3-3-45 所示。调整发光阈值和半径，如图 3-3-46 所示。合成效果如图 3-3-47 所示。

（12）将"数据流"拖入"高楼"合成，观看效果，根据画面调整粒子细节参数，完成本制作任务。完成效果如图 3-3-48 所示。

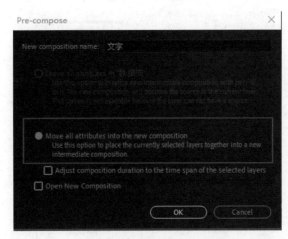

图 3-3-42 文字层预合成

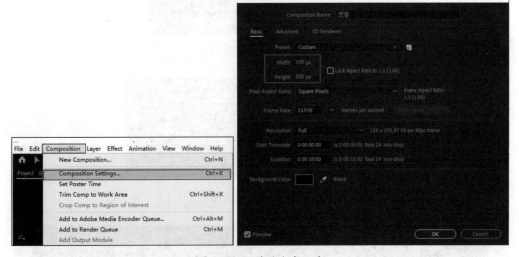

图 3-3-43 修改合成尺寸

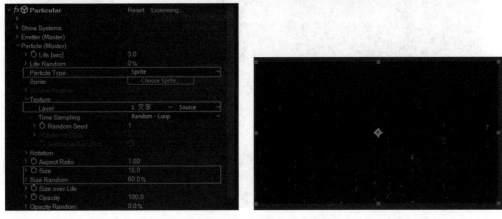

图 3-3-44 设置 Particular 参数

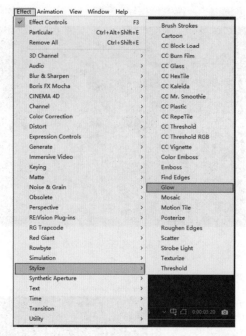

图 3-3-45　添加发光特效

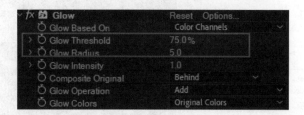

图 3-3-46　调整发光参数

图 3-3-47　合成效果

图 3-3-48 科技城市完成效果

项目拓展

请同学们根据本书提供的视频素材制作指示牌替换效果。

重要提示：

（1）选择合适的追踪方式进行数据追踪并制作替换。

（2）对画面进行色彩调整。

思考与练习

1. 选择题

（1）Color Finesse 3 "参数分析"窗口的功能是（   ）。

    A. 监测图像参数及技术指标

    B. 观察、对比图像画面

    C. 进行整体和局部调色

    D. 进行颜色匹配

（2）Mocha 不能识别（   ）类型的相机情况（   ）。

    A. 平移   B. 旋转

    C. 缩放   D. 颜色

（3）在 3D Track Camera 中，至少需要选择（   ）个跟踪点才可以建立实底层。

    A. 2   B. 3

    C. 4   D. 5

2. **判断题**

（1）波形图展示了当前视频中 R、G、B 的值是如何分布的。其中 0 线代表亮部，100 线代表暗部。　　　　　　　　　　　　　　　　　　　（　　）

（2）Track Z Camera 工具是使摄像机镜头拉近、推远的工具，也就是让摄像机 Z 轴运动。　　　　　　　　　　　　　　　　　　　　　　　　（　　）

（3）使用跟踪摄像机新建的合成 / 预合成必须与被跟踪的视频素材尺寸、像素长宽比一致。　　　　　　　　　　　　　　　　　　　　　　　　（　　）

3. **实训题**

（1）制作视频调色效果。
（2）制作屏幕替换效果。
（3）制作科技感城市效果。

项目 **4**

主题宣传片——企业宣传片

🎯 **项目导读**

　　宣传片包装也可称为宣传片品牌形象策划与设计，是宣传片中必不可少的一个元素。

　　宣传片的包装是对实景拍摄画面的强大补充。在宣传片制作中必然会有一些画面是无法通过实景拍摄取得的，所以为了宣传片的完整性和可视性，包装必不可少。包装手段的使用是要更好地传递情感，色彩、节奏、音乐等都以引起观众的情感共鸣为首要目的。宣传片既要表达故事，又要引发受众思考，让观众变被动为主动。宣传片是在讲述一段完整的故事，情节安排是否合理决定着宣传片的成败。而宣传片包装是让故事更具有感染力，让受众接受和理解。另外，宣传片包装有着增加观众审美愉悦感的目的。一部优秀的企业宣传片必然是美的艺术品，题材、角度、拍摄手法等要新颖奇特。创新、突破是艺术创作者永远的追求。包装本身就是高于实际的艺术性创造，宣传片包装的组成部分会根据宣传片的不同主题类型进行调整，例如，本项目所讲的包装则主要由宣传片的片头、字幕条、历史进程、证书展示、片尾5部分内容组成。

　　从宣传片包装的制作技术上看，随着计算机技术的不断发展，当今已涌现出了一系列动画和后期合成软件。宣传片包装的设计制作者可以通过运用先进的图形图像软件对视频和图形进行编辑和设计，不断制作出绚丽多彩的视频效果。

教学目标

★掌握 Particular 特效的操作。

★掌握宣传片的基本包装制作方法。

★掌握应用技巧，提升宣传片包装的综合能力。

任务 4.1 发展线包装

【任务描述】

宣传片包装中经常会用到发展线包装，也就是展示公司的发展历程。好的包装可以给人眼前一亮的感觉，并且可清晰地展现公司发展历程，包括重要年份、重要事项、发展的先后顺序等内容。本任务将带大家学习制作发展线的包装，将年份与重要事项、历程结合起来。

【任务要求】

在本任务中，主要学习 Particular 特效的应用，可以应用粒子特效制作出不同粒子光效效果。

【知识链接】

Particular 特效的详解

（1）Emitter。Emitter 是粒子发生器，用于产生粒子，并设定粒子各个属性。

● Particles/sec：控制每秒钟产生的粒子数量。

● Emitter Type：设定粒子的类型。粒子主要有 Point、Box、Sphere、Grid、Light、Layer、Layer Grid 等 7 种类型。

● Position XY &Position Z：设定产生粒子的三维空间坐标（可以设定关键帧）。

● Direction：控制粒子的运动方向。

● Direction Spread：控制粒子束的发散程度，适用于当粒子束的方向设定为 Directional、Bi-directional、Disc 和 Outwards 等 4 种类型。

● X,Y and Z Rotation：控制粒子发生器的方向。

● Velocity：设定新产生粒子的初始速度。

● Velocity Random：通过该选项为新产生的粒子设定随机的初速度。

● Velocity from Emitter：让粒子继承粒子发生器的速度。此参数只有在粒子发生器是运动的情况下才会起作用。该参数设定为负值时，所产生的粒子与从粒子发生器喷射出来的粒子具有一样的效果；设定为正值时，会出现粒子发生器好像被粒子带着运动的效果；当该参数值为 0 时，没有任何效果。

● Emitter Size X,Y and Z：当粒子发生器选择 Box、Sphere、Grid and Light 时，设定粒子发生器的大小。对于 Layer and Layer Grid 粒子发生器，只能设定 Z 参数。

（2）Particle。在 Particle 参数组可以设定粒子的所有外在属性（如大小、不透明度、颜色）以及在整个生命周期内这些属性的变化。

● Life[sec]:控制粒子的生命周期,它的值是以秒为单位的。该参数可以设定关键帧。

● Life Random[%]：为粒子的生命周期赋予一个随机值。

- Particle Type：在该粒子系统中共有 8 种粒子类型，球形（Sphere）、发光球形（Glow Sphere）、星形（Star）、云团（Cloudlet）、烟雾（Smokelet）、自定义形（Custom、Custom Colorize、Custom Fill）等。自定义 Custom 类型指用特定的层（可以是任何层）作为粒子，Custom Colorize 类型在 Custom 类型的基础上又增加了可以为粒子（层）根据其亮度信息来着色的能力，Custom Fill 类型在 custom 类型的基础上又增加了为粒子（层）根据其 Alpha 通道来着色的能力。对于 Custom 类型的粒子，如果用户选择一个动态的层作为粒子，还有一个重要的概念——时间采样方式（Time Sampling Mode）。系统主要提供了以下几种方式：Sphere/Cloudlet/Smokelet Feather。它们分别控制球形、云团和烟雾状粒子的柔和程度，其值越大，所产生的粒子越真实。

- Custom：该参数组只有在粒子类型为 Custom 时才起作用。

- Rotation：用来控制粒子的 Rotation 属性，只对 Star、Cloudlet、Smokelet 和 Custom 类型的粒子起作用。可以对该属性设定关键帧。

- Rotation Speed：用来控制粒子的旋转速度。

- Size：用来控制粒子的大小。

- Size Random[%]：用来控制粒子大小的随机值，当该参数值不为 0 时，粒子发生器将会产生大小不等的粒子。

- Size over Life：用来控制粒子在整个生命周期内的大小。Trapcode Particular 采用绘制曲线来达到控制的目的。Smooth 用来控制平滑曲线，按住 Shift 键可以加快平滑的速度；Random 用来产生一条随机的控制曲线；Flip 用来水平翻转控制曲线；Copy 将控制曲线复制到剪切板中；Paste 粘贴剪切板中的控制曲线。

- Opacity：用来控制粒子的 Opacity 属性。

- Opacity Random[%]：用来控制粒子透明的随机值，当该参数值不为 0 时，粒子发生器将产生透明程度不等的粒子。

- Opacity over Life：控制粒子在整个生命周期内 Opacity 属性的变化方式。

- Set Color：选择不同的方式来设置粒子的颜色。

- At Birth：在粒子产生时设定其颜色并在整个生命周期内保持不变，颜色值通过 Color 参数来设定。

- Over Life：在整个生命周期内粒子的颜色可以发生变化，其具体的变化方式通过 Color over Life 参数来设定。

- Random from Gradient：为粒子的颜色变化选择一种随机的方式，具体通过 Color over Life 参数来设定。

- Color：当 Set Color 参数值设定为 At Birth 时，该参数用来设定粒子的颜色。

- Color Random[%]：用来设定粒子颜色的随机变化范围，当该参数值不为 0 时，粒子的颜色将在所设定的范围内变化。

- Color over Life：该参数决定了粒子在整个生命周期内颜色的变化方式。
  - Opacity：反映不透明的属性。
  - Random：随机产生渐变条。

◆ Flip：水平翻转渐变条。

◆ Copy：复制渐变条到剪切板中。

◆ Paste：粘贴剪切板中的渐变条。

● Transfer Mode：用来控制粒子的合成方式。

● Transfer Mode over Life：用来控制粒子在整个生命周期内的转变方式。这对于当火焰转变为烟雾时非常有用。当粒子为火焰时，转变方式应该是 add 或 screen 型，因为火焰具有加法属性（Additives Properties）；当粒子变为烟雾时，转变方式应该改为 normal 型，因为烟雾具有遮蔽属性（Obscuring Properties）。

（3）Physics。Physics 用来控制粒子产生以后的运动属性，如重力、碰撞、干扰等。

Bounce：该模型模拟粒子的碰撞属性。该参数组用来使粒子在场景中的层上产生碰撞的效果。粒子系统提供了两种层类型，即地面和墙壁。粒子的碰撞区域可以是层的 Alpha 通道，也可以是整个层区域，也可以设置一个无限大的层。需注意的是，场景中的摄像机可以自由移动，但地板与墙面必须是保持静止的，它们不能设有任何关键帧。

（4）Aux System。粒子可以发射子粒子，当粒子与地板（Layer）碰撞以后会产生一批新的粒子，通常将新产生的粒子称为子粒子，或者辅助粒子。辅助粒子的属性可以通过 Aux System 和 Options 进行控制。

（5）Visibility。

● Far Vanish：最远可见距离，当粒子与摄像机的距离超过最远可见距离时，粒子在场景中变得不可见。

● Far Start Fade：最远衰减距离，当粒子与摄像机的距离超过最远衰减距离时，粒子开始衰减。

● Near Start Fade：最近衰减距离，当粒子与摄像机的距离低于最近衰减距离时，粒子开始衰减。

● Near Vanish：最近可见距离，当粒子与摄像机的距离低于最近可见距离时，粒子在场景中变得不可见。

● Near &Far Curves：设定粒子衰减的方式，系统提供直线型（Linear）和圆滑型（Smooth）两种类型。

● Z Buffer：选择一个基于亮度的 Z 通道，Z 通道带有深度信息，Z 通道信息由 3D 软件产生，并导入到 AE 中，这对于向由 3D 软件生成的场景中插入粒子时非常有用。

● Z at Black：以 Z 通道信息中的黑色像素来描述深度（与摄像机之间的距离）。

● Z at White：以 Z 通道信息中的白色像素来描述深度（与摄像机之间的距离）。

● Obscuration Layer：任何 3D 图层（除了文字层）都可以用来使粒子变得朦胧（半透明），如果要使用文字层，可以将文字放到一个 Comp 中，并且关闭 Continuously Rasterize 属性，将遮蔽层（Obscuration Layer）放到时间层窗口（TLW）的最低部。用户也可以将层粒子发生器（Layer Emitter）、墙壁（Wall）、地板（Layer）作为遮蔽层来使用，确保在时间层窗口中遮蔽层处于粒子发生层的下面。

（6）Motion Blur。为了更加真实地模拟粒子运动的效果，系统给粒子赋予运动模糊。Trapcode 的 3D 粒子系统能够模拟出更加真实的运动模糊效果。

【任务实施】

1. 制作文字

（1）按 Ctrl+N 组合键，创建一个新的合成，设置 Composition Name 为"演示"，Preset 选择 HDTV 1080 25，设置合成 Width 为 1920 px，Height 为 1080 px，Frame Rate 为 25，并设置 Duration 为 0:00:20:00，单击 OK 按钮，如图 4-1-1 所示。双击 Project 面板，导入所需素材"背景动效"，将其拖入"演示"面板中，如图 4-1-2 所示。

图 4-1-1　合成项目的参数设置

图 4-1-2　拖入素材

（2）按 Ctrl+N 组合键，创建一个新的合成，设置 Composition Name 为"文字框"，Preset 选择 HDTV 1080 25，设置合成 Width 为 1920 px，Height 为 1080 px，Frame Rate 为 25，并设置 Duration 为 0:00:20:00，单击 OK 按钮，如图 4-1-3 所示。双击 Project 面板，导入所需素材 HUD01.mov，将其拖入"演示"面板中，如图 4-1-4 所示。

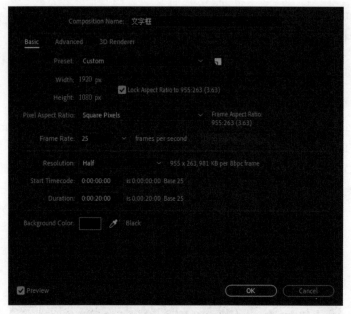

图 4-1-3　合成项目的参数设置

图 4-1-4　拖入素材

（3）单击选中"演示"面板中的素材 HUD01.mov，在 Default（预设）中的 Effects & Presets 中搜索 unm，在弹出的界面中双击 uni.Unmult（去黑底插件），如图 4-1-5 所示。

（4）按 Ctrl+T 组合键，输入文字 1958，字体类型选择 FZCuHeiSongS-B，字体大小设置为 200 px，颜色设置为 #FFD800，如图 4-1-6 所示。

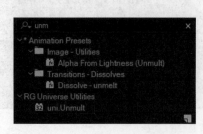

图 4-1-5　搜索去黑底插件

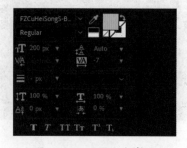

图 4-1-6　设置文字参数

（5）双击 Project 面板，导入所需素材"HUD02.mov"，拖入"文字框"中，如图 4-1-7 所示。按 S 键，设置 Scale 数值为 (30,30%)，如图 4-1-8 所示。调整文字位置，如图 4-1-9 所示。

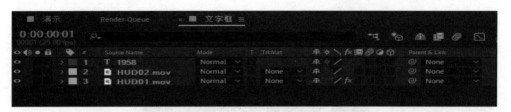

图 4-1-7　拖入素材

图 4-1-8　设置 Scale 参数

图 4-1-9　调整文字位置 1

（6）按 Ctrl+T 组合键，输入文字"创立福州抗菌素厂"，字体类型选择 FZCuHeiSongS-B，字体大小设置为 200 px，颜色设置为 #FFFFFF，如图 4-1-10 所示。调整文字位置，如图 4-1-11 所示。

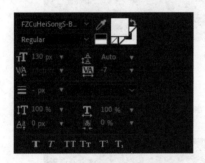

图 4-1-10　调整文字参数

图 4-1-11　调整文字位置 2

（7）单击选框工具，如图 4-1-12 所示，选出所需文字范围的大小，如图 4-1-13 所示。单击 Composition 中的 Crop Com to Region of Interest（剪裁合成到目标区域），如图 4-1-14 所示。

图 4-1-12　选框工具

图 4-1-13　使用选框工具

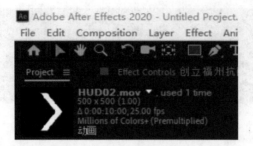

图 4-1-14　剪裁合成到目标区域

（8）单击两行文字和 HUD02.mov 素材，按 T 键，在 0 ～ 2s 内设置关键帧，如图 4-1-15 所示。

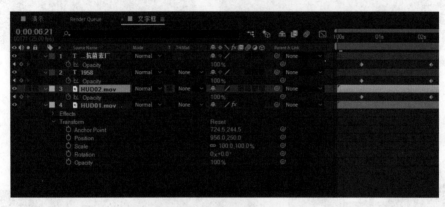

图 4-1-15　设置关键帧

（9）将整个文字合成拖入"演示"合成，单击文字层，按 S 键，调整 Scale 为 (49.0,49.0%)，如图 4-1-16 所示，调整文字至合适处，如图 4-1-17 所示。

图 4-1-16　调整 Scale 属性

图 4-1-17　调整位置

2. 制作运动光线

（1）在"演示"面板的空白处右击，选择 New → Null Object（空对象）命令，如图 4-1-18 所示，修改其名称为"场景 1 控制"，如图 4-1-19 所示。

图 4-1-18　新建空对象　　　　　　　　　图 4-1-19　修改名称

（2）单击按住关联式表达器，将"文字框"的内容拖入"场景 1 控制"，使"场景 1 控制"为父级，如图 4-1-20 所示。

图 4-1-20　拖动关联式

（3）选中"场景 1 控制"，按 P 键，调整关键帧的位置，如图 4-1-21 所示。打开"场景 1 控制"和"文字框"的 3D 开关，如图 4-1-22 所示。

图 4-1-21　调整关键帧的位置

图 4-1-22　打开 3D 开关

（4）选中"场景 1 控制"，按快捷键 R，在第 5s 处设置 Orinetation（方向）的关键帧，如图 4-1-23 所示，在第 1s 处，调整 Orinetation 的关键帧的数值，如图 4-1-24 所示。

图 4-1-23 快捷键 R

图 4-1-24 调整关键帧

（5）按 Ctrl+Y 组合键，新建一个纯色层，如图 4-1-25 所示。将"主粒子"拖到"场景 1 控制"的下面，单击选中"演示"面板中的"主粒子"，在 Default 中的 Effects & Presets 中搜索 part，如图 4-1-26 所示，在弹出的界面中双击 Particular（特定的插件）。

图 4-1-25 新建图层

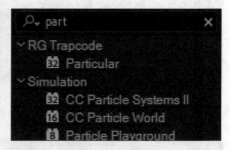

图 4-1-26 搜索插件

（6）在"演示"面板的空白处右击，选择 New → Null Object 命令，修改新对象的名称为"粒子控制"，如图 4-1-27 所示。

（7）在 Effect Controls 面板上找到 Emitter，如图 4-1-28 所示，按 Alt 键，设置 Position 的关键帧，如图 4-1-29 所示，在"演示"面板里将"主粒子"Position 的关联式表达器拖到"粒子控制"的位置中，如图 4-1-30 所示。

（8）选中"演示"面板里的"粒子控制"和"主粒子"，将"粒子控制"的颜色改成黄色，如图 4-1-31 所示。

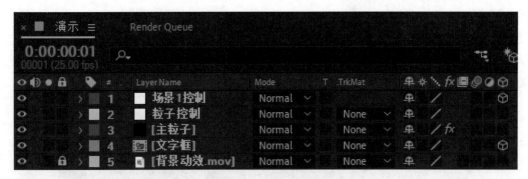

图 4-1-27　图层重命名

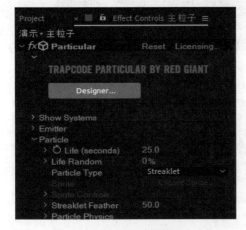

图 4-1-28　找到发射器

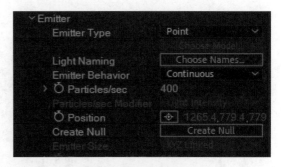

图 4-1-29　设置 Position 关键帧

图 4-1-30　拖动关联式表达器

（9）单击"粒子控制"，按快捷键 P，分别在 0s、2s、5s 处设定合适的关键帧，并且调整合适的曲度，如图 4-1-32 所示。

（10）单击"演示"面板中的"主粒子"，在 Effect Controls 面板上找到 Emitter，调整 Particles/sec（粒子、秒）为 400，将 Velocity Random（速度随机）调整为 0%，将 Velocity（速度）、Velocity Distribution（速度分布）、Velocity from Emitter（从运动得到的速度）全部

调整为 0，如图 4-1-33 所示。在 Effect Controls 面板上找到 Particle（粒子），将 Life（时间）改为 25.0，将 Particle Type（粒子形态）改成 Streaklet（条状痕），将 Size 改为 20.0，如图 4-1-34 所示。将 Size over Life（尺寸大于寿命）中的 PRESETS（预先装置）调为斜坡，如图 4-1-35 所示。

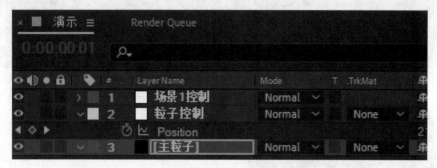

图 4-1-31　修改颜色

图 4-1-32　设定关键帧

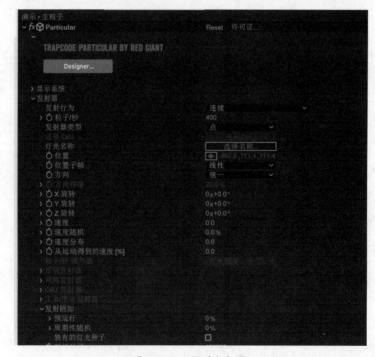

图 4-1-33　找到发射器

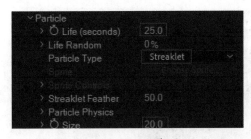

图 4-1-34　调整参数　　　　　　　　　　　　图 4-1-35　选择预先装置

（11）单击"演示"面板中的"主粒子"，调节颜色为 #FFC104，如图 4-1-36 和图 4-1-37 所示。在 Default 中的 Effects & Presets 中搜索 Glow，在弹出的界面中双击 Glow（发光），将 Glow Threshold（发光阈值）设置为 76.5，将 Glow Radius（发光半径）设置为 100，将 Glow Intensity（发光密度）设置为 2。

图 4-1-36　选择颜色　　　　　　　　　　　　图 4-1-37　颜色数值

（12）单击"演示"面板里的"主粒子"，按 Ctrl+D 组合键复制创建一层，右击选择 Rename（改名）命令，将新建的层改名为"辅助粒子 1"，在 Effect Controls 面板里，将 Particle 的 Particle Type 改成 Sphere，将 Size 改为 5.0，将 Color 改为 #FCF365，如图 4-1-38 所示。单击"演示"面板里的"主粒子"，按 Ctrl+D 组合键复制创建一层，右击选择 Rename 命令，将新建的层改名为"辅助粒子 2"，设置 Velocity 为 8，设置 Velocity Random 为 5，设置 Velocity Distribution 为 2.9。

（13）在"演示"面板中右击，选择 New → Camera 命令，将新建的摄像机改名为"摄像机 1"，再右击，选择 New → Null Object 命令，将新建的物体改名为"摄像机"，将"摄像机 1"的关联式表达器拖入"摄像机"，打开"摄像机"的 3D 效果，如图 4-1-39 所示。单击"演示"面板中的"摄像机"，按 P 键，在第 5s、7s 的位置分别设置关键帧，如图 4-1-40 所示。

（14）在 Project 面板中按 Ctrl+D 组合键，复制创建一层，将其命名为"名字框 2"，如图 4-1-41 所示。打开"名字框 2"的面板，更改文字内容为"1992 年更名为福州抗生素总厂"，将"文字框 2"拖入"演示"面板中，创建一个 3D 图层，单击"文字框 2"，按 P 键，在第 5s、9s 的位置分别设置关键帧，如图 4-1-42 所示。

（15）依次类推制作所有文字框，效果如图 4-1-43 和图 4-1-44 所示。

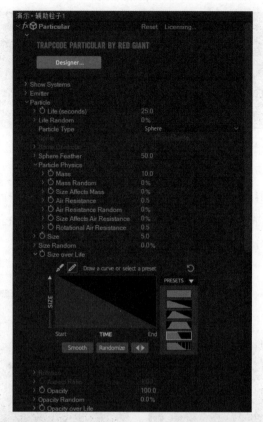

图 4-1-38　设置"辅助粒子 1"的数值

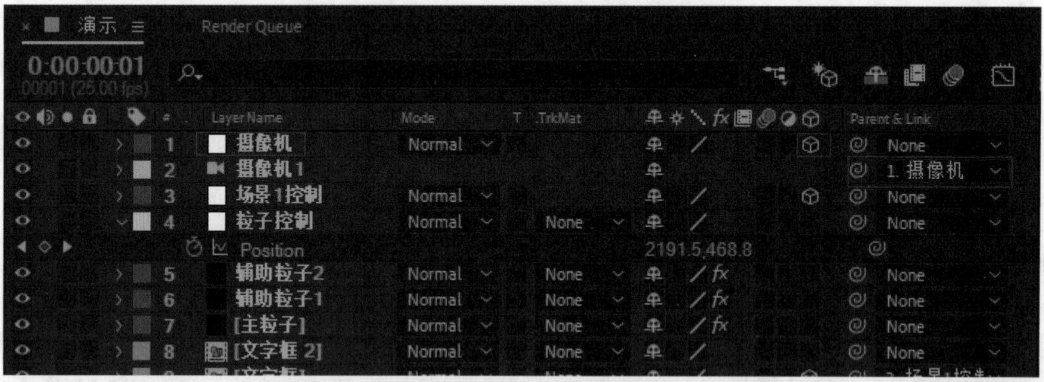

图 4-1-39　调整摄像机

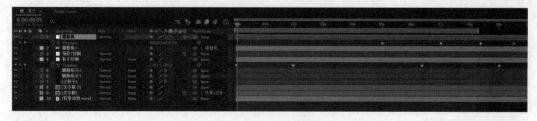

图 4-1-40　设置关键帧

图 4-1-41　生成"文字框 2"

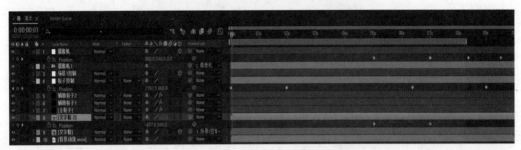

图 4-1-42　设置关键帧

图 4-1-43　效果展示 1

图 4-1-44　效果展示 2

（16）按 Ctrl+M 组合键导出。

任务 **4.2** 照片包装

制作发展线
包装效果

【任务描述】

　　在宣传片中，一部分内容需要用图片包装进行展示，例如本任务中的证书包装。相对于实拍画面来说，照片包装更富有质感，可以将照片材料进行统一表现，提高影片质感。我们应学会根据不同的宣传片风格来设计不同的包装画面，将这些照片包装成统一风格进行展示。

【任务要求】

在本任务中，主要学习并掌握蒙版以及 3D 摄像机的使用。

【知识链接】

Fractal Noise（分形杂色）。

Fractal Type（分形类型）。

Turbulent Smooth（湍流平滑）。

Noise Type（杂色类型）。

Block（块）。

Contrast（对比度）。

Brightness（亮度）。

Transform（变换）。

Uniform Scaling（统一缩放）。

Complexity（复杂度）。

Evolution（演化）。

Displacement Map（置换图）。

Displacement Map Layer（置换图效果）。

【任务实施】

制作证书效果

（1）按 Ctrl+N 组合键，创建一个新的合成，设置 Composition Name 为"演示"，Preset 选择 HDTV 1080 25，设置合成 Width 为 1920 px，Height 为 1080 px，Frame Rate 为 25，并设置 Duration 为 0:00:06:00，单击 OK 按钮，如图 4-2-1 所示。双击 Project 面板，导入所需素材"科技背景 .mov""2 庆大霉素金……"，将其拖入"演示"面板，图 4-2-2 所示为设置合成参数的界面。

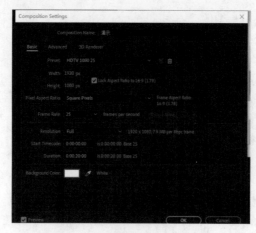

图 4-2-1　设置合成的参数

图 4-2-2 拖入素材

（2）单击"2 庆大霉素金……"，按快捷键 S 调整图片大小，如图 4-2-3 所示，在"演示"面板空白处右击，选择 New → Soild 命令，将新建的纯色层命名为"故障"。

图 4-2-3 调整图片大小

（3）单击"故障"层，在 Default 中的 Effects & Presets 中搜索 Fractal Noise，在弹出的界面中双击 Fractal Noise，在 Effect Controls 面板中，Fractal Type 选择 Turbulent Smooth，Noise Type 选择 Block，设置 Contrast 为 350.0，设置 Brightness 为 -120.0，取消勾选 Transform 里的 Uniform Scaling 复选框，设置 Scale Width（缩放宽度）为 600.0，设置 Scale Height（缩放高度）为 174.0，设置 Complexity 为 3，如图 4-2-4 所示。按住 Alt 键打开 Evolution，在此面板中修改表达式为 time*2000，如图 4-2-5 所示。

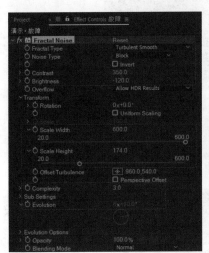

图 4-2-4 调整参数

图 4-2-5 调整表达式

（4）按 Ctrl+Shift+C 组合键，新建一个预合成，在弹出的界面中将该合成命名为"故障"，选择界面的第二个选项，将所有属性移到预合成，如图 4-2-6 所示，选择"科技背景"和"2 庆大霉素金……"后再按 Ctrl+Shift+C 组合键，新建一个预合成，将其命名为"场景 1"。

（5）在"演示"面板中右击，选择 New → Adjustment Layer 命令，命名新建的图层为"调整图层"。单击"调整图层"，在 Default 中的 Effects & Presets 中搜索 Displacement
Map，在弹出的界面中双击 Displacement Map，在 Effect Controls 面板中的 Displacement
Map Layer 项选择"故障"，如图 4-2-7 所示。

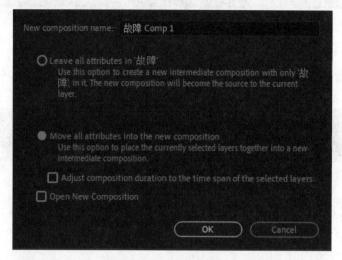

图 4-2-6　新建预合成

图 4-2-7　选择效果

（6）单击"调整图层"，按住 Alt+〔组合键，将"调整图层"和"故障"层剪切并移
至合适位置，如图 4-2-8 和图 4-2-9 所示。

图 4-2-8　剪切图层

图 4-2-9　移至合适位置

（7）单击"场景 1"，按 Ctrl+Shift+D 组合键，复制创建一层，并将其命名为"场景 2"。在"场景 2"的模式中选择 Luma matte，双击"场景 1"，单击"2 庆大霉素金……"，按快捷键 T，设置透明关键帧，如图 4-2-10 和图 4-2-11 所示。

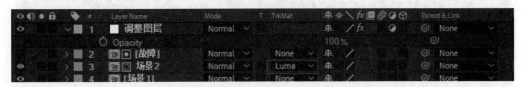

图 4-2-10　选择模式

图 4-2-11　设置关键帧

（8）选择任何一个图层，选择矩形方框，在图中沿着证书画一个框，将其命名为"边框"，再单击"边框"图层，选择矩形工具创建蒙版，在"演示"面板里勾选 Mask1 的 Inverte 选项，如图 4-2-12、图 4-2-13、图 4-2-14 所示。

图 4-2-12　创建蒙版

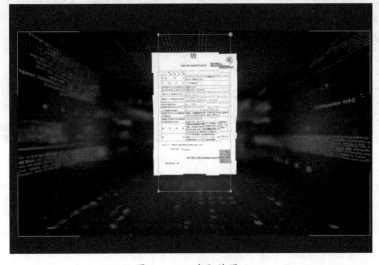

图 4-2-13　选取范围 1

图 4-2-14　勾选 Inverte 选项

（9）按 Ctrl+D 组合键，复制创建"边框"，将新的"边框"命名为"边框 2"，按快捷键 S 调整边框大小，选中蒙版将蒙版调至合适位置，再选择矩形工具创建蒙版（Mask2），在"演示"面板里，Mask2 选择 Subtract 选项，如图 4-2-15 和图 4-2-16 所示。

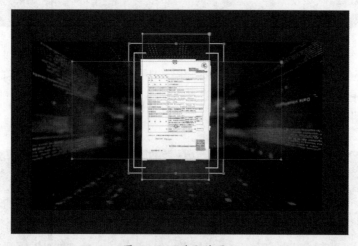

图 4-2-15　选取范围 2

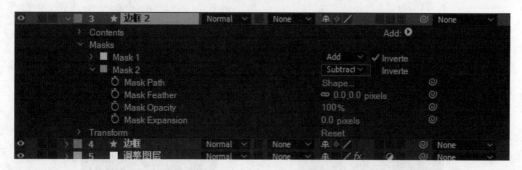

图 4-2-16　选择 Subtract 选项

（10）双击 Project 面版，导入所需素材"灯光"，将其拖入"演示"面板中。单击"灯光"，选择 Mode 为 Screen，调整灯光至合适的位置。选中"灯光"，先按 Alt+{组合键，再按 Ctrl+D 组合键，复制创建"灯光"并将其命名为"灯光 2"，调整"灯光 2"至合适的位置。按快捷键 P，分别给两个灯光层设置位置关键帧，如图 4-2-17 所示。同时选中两个灯光层，按快捷键 T，设置透明度关键帧，如图 4-2-18 所示。

图 4-2-17 设置位置关键帧

图 4-2-18 设置透明度关键帧

（11）完成一个证书的所有效果后，按 Ctrl+M 组合键进行导出，选择需要的导出文件夹，导出格式为 Qucktime。再次打开证书的 AE 工程，依次替换所需的各张证书，并且将原本证书上所有的效果复制在新的证书上，再依次导出，如图 4-2-19 和图 4-2-20 所示。

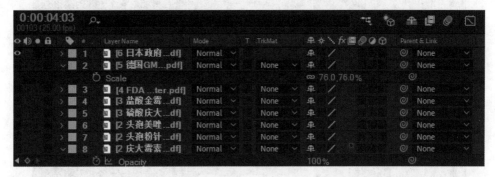

图 4-2-19 所有证书

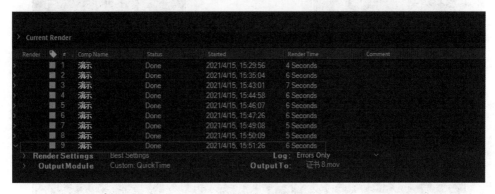

图 4-2-20 导出模式

制作照片包装的
动画效果

（12）按 Ctrl+N 组合键，新建一个合成，将其命名为"总证书"，将刚刚生成的所有证书导入 Project 中，再拖入"总证书"面板，调整每个证书的位置，按 Ctrl+M 组合键导出，选择自己所需要的导出文件夹，导出格式为 Qucktime，如图 4-2-21、图 4-2-22、图 4-2-23 所示。

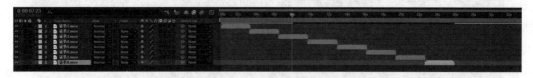

图 4-2-21　调整位置

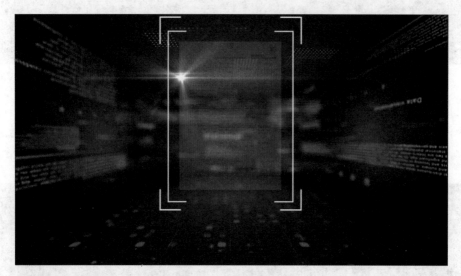

图 4-2-22　效果展示 1

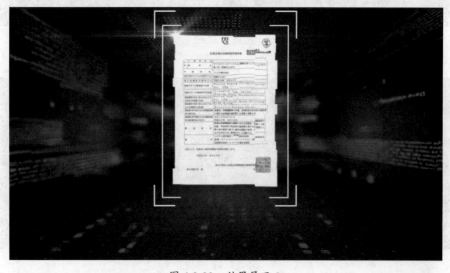

图 4-2-23　效果展示 2

任务 **4.3** 说明性文字包装

【任务描述】

要想更好地说明业绩或取得的成绩等内容，需要在宣传片中使用文字数据进行说明，但普通的文字标注会显得平淡，所以应用文字包装是必不可少的一个环节。将文字进行包装展示可统一影片风格，让画面不单调，既可以重点展示数据内容，又可以吸引观者观看。

【任务要求】

学习地球背景的制作，熟练应用 3D 摄像机，掌握文字效果特效。

【知识链接】

介绍摄像机

在 AE 中，我们常常需要运用一个或多个摄像机来创造空间场景、观看合成空间，摄像机工具不仅可以模拟真实摄像机的光学特性，更能超越真实摄像机在三脚架、重力等条件的制约，且可以在空间任意移动。

【任务实施】

制作背景板的效果

（1）导入素材，按 Ctrl+N 组合键，新建合成，将其命名为"镜头一"，如图 4-3-1 所示。

图 4-3-1　新建合成

（2）按 Ctrl+Y 组合键，新建一个背景，如图 4-3-2 所示。搜索 ramp，添加一个渐变，如图 4-3-3 所示。

图 4-3-2　新建背景

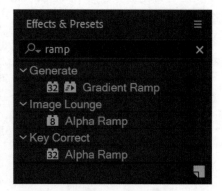

图 4-3-3　添加渐变

（3）调整颜色和坐标，如图 4-3-4 所示。

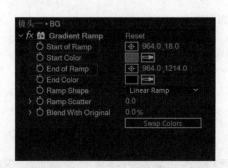

图 4-3-4　调整颜色和坐标

（4）将"方框 .mov"素材放置在第 1 层，将它的 3D 图层打开，如图 4-3-5、图 4-3-6、图 4-3-7 所示。

图 4-3-5　拖动方框

（5）新建一个摄像机，焦距为 35mm，如图 4-3-8 所示。

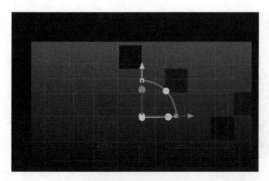

图 4-3-6　3D 图层

图 4-3-7　3D 开关

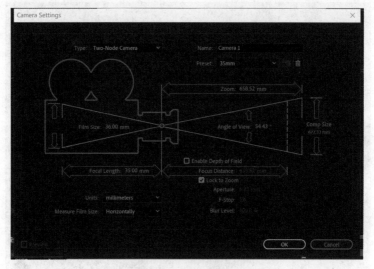

图 4-3-8　新建摄像机

（6）调整好 X 轴，复制新建一层"方框"（"方框 2"），调整"方框 2"的位置，如图 4-3-9 所示，效果如图 4-3-10 所示。

图 4-3-9　调整位置

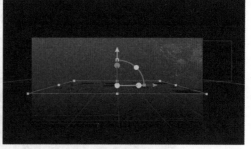

图 4-3-10　合成效果

（7）将"预合成 1"放置在背景上面，叠加方式改为 Screen，并且打开它的 3D 合成，往 Z 轴的方向移动适当距离。通过复制生成两个合成，将它们拼起来作为背景，如图 4-3-11、图 4-3-12、图 4-3-13 所示。

图 4-3-11 选择方式

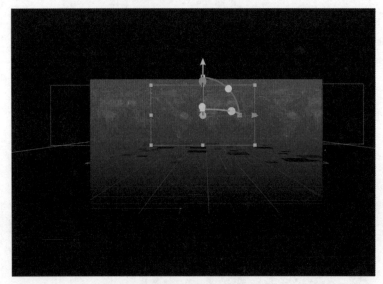

图 4-3-12 推动 Z 轴 1

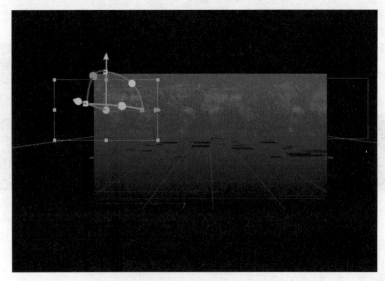

图 4-3-13 推动 Z 轴 2

（8）将"数字 01.mov"素材放在背景上，打开 3D 合成，如图 4-3-14 所示。

图 4-3-14　打开合成

（9）将素材"03_00092.png"放到背景上，更改叠加方式为 Screen，打开 3D 图层，调整好位置，调整不透明度，如图 4-3-15、图 4-3-16、图 4-3-17 所示。

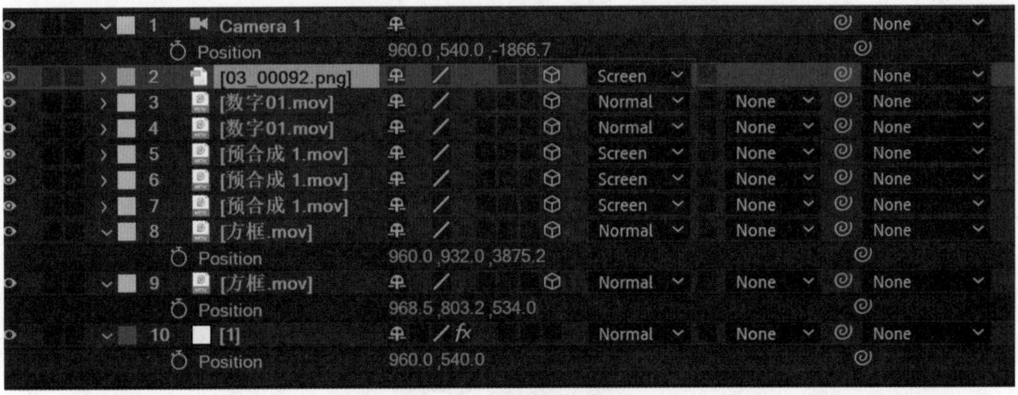

图 4-3-15　更改叠加方式

图 4-3-16　打开 3D 图层

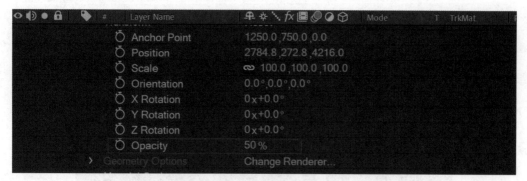

图 4-3-17　调整不透明度

（10）导入素材 element 6.mov，叠加方式改为 Screen，打开它的 3D 图层，调整好位置，添加一个遮罩。将遮罩的羽化值拉低，将素材 element 6.mov 的不透明度调低，如图 4-3-18 和图 4-3-19 所示。

图 4-3-18　调整位置

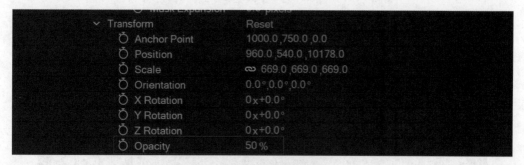

图 4-3-19　调整不透明度

（11）按 Ctrl+N 组合键新建合成，将其命名为"文字"，输入相应的文字。通过复制生成一个新合成，将其中的文字改成英文，放在第 2 行，如图 4-3-20 和图 4-3-21 所示。

（12）按 Ctrl+Y 组合键，新建一个"数字"纯色层。在效果栏搜索 number 添加相应效果，如图 4-3-22 和图 4-3-23 所示。

（13）用蒙版工具在"数字"纯色层上绘制一个蓝色的底板，如图 4-3-24 所示。

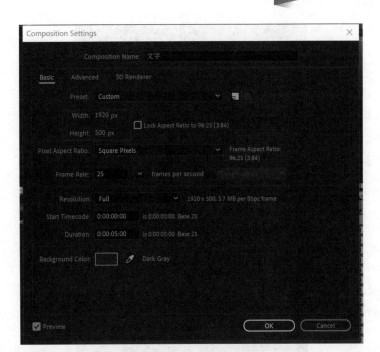

图 4-3-20 设置合成参数

图 4-3-21 修改文字

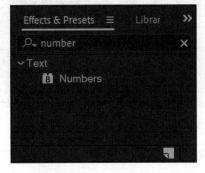

图 4-3-22 添加效果

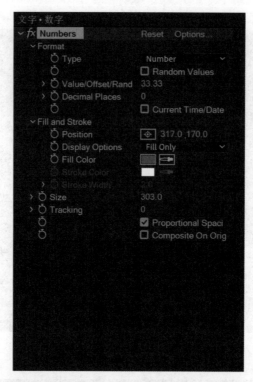

图 4-3-23　效果展示

图 4-3-24　绘制蓝色底板

　　（14）给两行文字添加效果，并给蒙版的不透明度设置关键帧，如图 4-3-25 和图 4-3-26 所示。

图 4-3-25　添加效果

图 4-3-26　为不透明度设置关键帧

（15）制作数字跳动效果。设置关键帧，如图 4-3-1-27 所示，按 U 键进行显示。

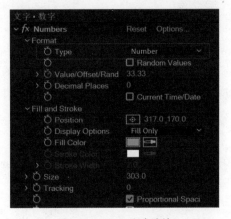

图 4-3-27　设置关键帧

（16）回到"镜头一"面板，将做好的"文字"合成拖到背景上，打开 3D 图层并调整大小，如图 4-3-28 所示。

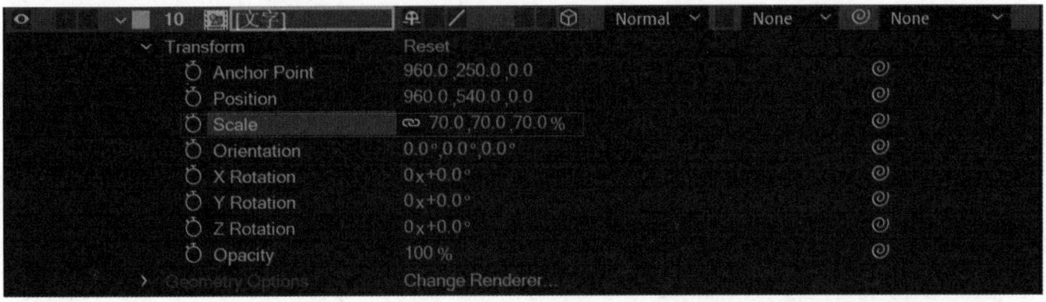

图 4-3-28　调整大小

制作说明性文字
包装的动画效果

（17）按 Ctrl+M 组合键进行输出，合成效果如图 4-3-29 所示。

图 4-3-29　合成效果

任务 4.4 公司名称包装

【任务描述】

在宣传片包装中，公司名称包装是必不可少的，名称包装为宣传片奠定了基调（庄重大气或者轻松简约），直接影响观众的第一印象。一个优秀的名称包装可以更好地引起观众的兴趣，增加影片的质感。

【任务要求】

在本任务中，主要学习蒙版、CC Blobbylize、CC Glass、Curve、Fast box blur、Options 的应用

【知识链接】

简介所用特效

CC Blobbylize：内置风格化效果，融化效果。

CC Glass：内置风格化效果，玻璃效果。

Curve：曲线调整。

Fast box blur：高效模糊化效果。

Options：3D 图层中的材质选项。

【任务实施】

制作公司名称包装效果

（1）按 Ctrl+N 组合键，新建一个 1920 px×1080 px 的合成，将其命名为"总合成"，其参数设置如图 4-4-1 所示。

图 4-4-1　设置合成参数

（2）按 Ctrl+Y 组合键，新建一个纯色层，将其命名为 MASK，如图 4-4-2 所示。

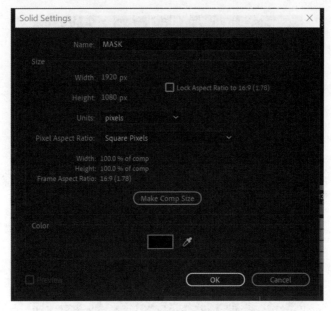

图 4-4-2　新建纯色层

（3）将素材导入 AE 中并拖到总合成中 MASK 的下面。然后按 Ctrl+N 组合键新建一个 1920 px×1080 px 的合成，将其命名为"合成 1"，如图 4-4-3 所示。

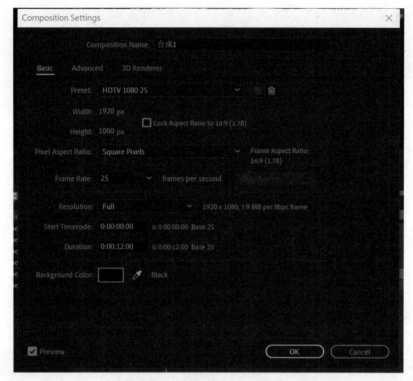

图 4-4-3　设置合成参数

（4）选择工具栏里的文字工具，然后在"合成1"里输入想要的文字，如图4-4-4所示。

图 4-4-4　文字工具

（5）选择矩形工具，先将填充取消，将像素调整为 30 px，然后在文字四周画出一个矩形边框，如图 4-4-5 所示，合成效果如图 4-4-6 所示。

图 4-4-5　矩形边框

图 4-4-6　合成效果

（6）单击形状图层，打开 Contents 目录下面的 Add，选择 Trim Paths（修剪路径），然后找到下面的 Trim Paths 1，将开始（Start）值设为 36.0%，结束（End）值设为 70.0%，如图 4-4-7 和图 4-4-8 所示。

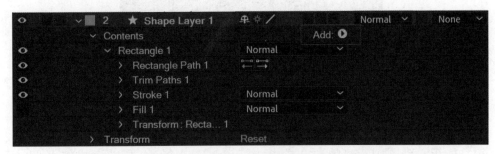

图 4-4-7　选择路径

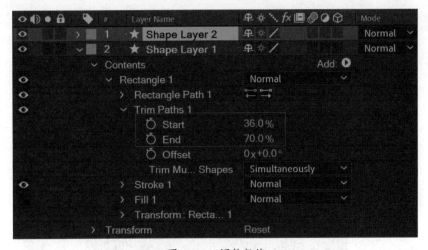

图 4-4-8　调整数值

（7）按 Ctrl+D 组合键，复制创建一层形状图层，找到新建的图层中的 Trim Paths 1，将 Offset 改成 (0_x+180.0°)，做成一个边框，如图 4-4-9 所示。

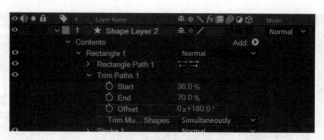

图 4-4-9　调整数值

（8）将图层全部选中，按组合键 Ctrl+Shift+C，将其添加到预合成，如图 4-4-10 所示，在弹出的界面中选择第二个选项，命名为 text。

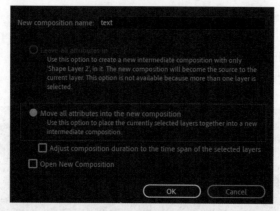

图 4-4-10　选择选项

（9）重新回到刚刚新建的预合成中，按 Ctrl+K 组合键，修改合成的大小，调整大小使其保持在文字周围就可以。然后将它们重新添加到一个新建的预合成中，按 Ctrl+Shift+C 组合键，将其命名为"文字"。

（10）将反射素材拖入合成中，在效果库中搜索 Motion Tile，将其添加到素材上，然后将输出宽度 Output Width 改为 600.0，如图 4-4-11 所示。

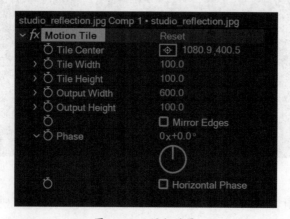

图 4-4-11　添加效果

（11）将时间轴拖到 0:00:00:00，在最开始的位置给 Tile Center 设置关键帧，然后将时间轴拖到最后，把它的 X 轴位置改为 2000.0，如图 4-4-12 所示。

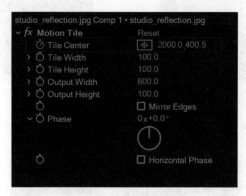

图 4-4-12　调整数值

（12）按 Ctrl+Shift+C 组合键，将反射素材单独创建一个预合成。将新建的预合成拖到最下方，然后选择形状蒙版 Alpha 遮罩，如图 4-4-13 所示。

图 4-4-13　选择模式

（13）在效果库中搜索 CC Blobbylize，将它拖到反射素材的预合成上。打开 Effect Contrds，将 Property（特性）改成 Alpha，将 Blob Layer 改为"文字"，将 Softness 数值和 Cut Away 数值均改为 3.0，如图 4-4-14 所示。

（14）打开 Light（灯光）选项，将 Light Type 改为 Point Light，如图 4-4-15 所示。

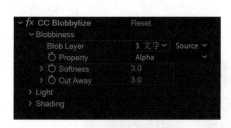

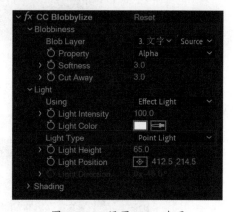

图 4-4-14　选择模式和数值　　　图 4-4-15　设置 Light 选项

（15）在效果库找到 CC Glass，将其拖到上述的效果之上，将 Softness 数值改为 15.0，将 Height 数值改为 90.0，将 Displacement 改为 -15.0，如图 4-4-16 和图 4-4-17 所示。

图 4-4-16　调整数值 1

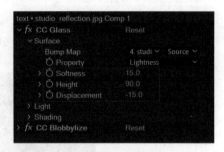

图 4-4-17　调整数值 2

（16）新建一个调整图层，添加 Curves（曲线）效果，然后调整曲线值，如图 4-4-18 所示。

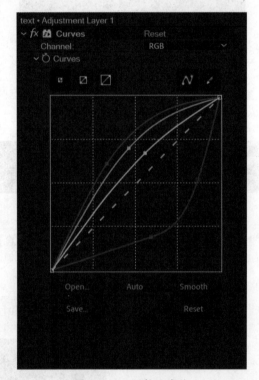

图 4-4-18　调整曲线值

（17）回到"合成 1"，将 4 个粒子素材拖到最上面，然后将它们的混合模式都改为 Add（添加模式），如图 4-4-19 所示。

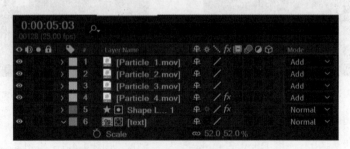

图 4-4-19　添加模式

（18）同时选中第 2 个和第 4 个素材，在时间轴上向后拖动一点。选择钢笔工具，沿着粒子出现的痕迹画一条线。然后找到它的图形蒙版，找到下面的描边 1，在最开始的位置，给描边的宽度设置一个关键帧，将宽度数值调整为 10.0。在粒子消失的位置再设置一个关键帧，将描边宽度再调得宽一些，尽量能将文字覆盖。单击 Add，选择 Trim Paths，将修剪路径调到描边之上，如图 4-4-20 和图 4-4-21 所示。

图 4-4-20 拖动素材

图 4-4-21 选择模式和调整数值

（19）把时间轴拉到最开始的地方，打开修剪路径，在最开始的地方设置一个 Start 关键帧，将数值改成 0.0%。在粒子结束的位置设置一个 End 关键帧，将数值调整为 100.0%，如图 4-4-22 所示。

（20）在效果库中搜索 Fast box blur，将其添加在形状图层上，将 Blur Radius 的数值调整为 35.0，如图 4-4-23 所示。

（21）拖动形状图层到文字层的上方，在文字层的 TrkMat 栏选择 Luma Matte，如图 4-4-24 所示。

（22）拖动时间轴，在粒子消失的位置给文字层的 Opacity 设置一个关键帧，数值为 100%，然后再往后拉一帧，设置 Opacity 的数值为 0%。再做一个缓入缓出的效果（快捷键是 Fn+F9），如图 4-4-25 所示。

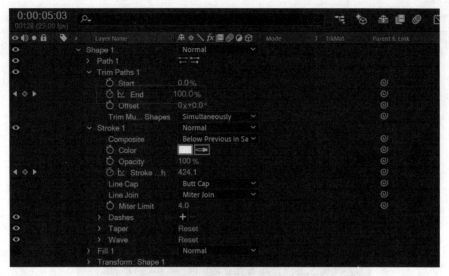

图 4-4-22 设置关键帧

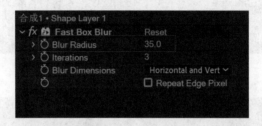

图 4-4-23 调整数值

图 4-4-24 选择模式

图 4-4-25 调整 Opacity 值

（23）按 Ctrl+Y 组合键，新建一个纯色层，将其命名为 BG，然后将它拖到最下方。在效果库中搜索 optical flares，将 Optical Flares 效果添加在 BG 上，如图 4-4-26 所示。

（24）添加完效果后，在 Effect Controls 里找到 Options 将其展开，单击"清除所有"按钮，再选择一个简单的灯光效果（Glow），单击"确认"按钮，如图 4-4-27 所示。

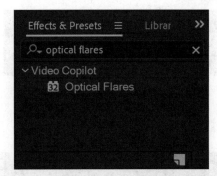

图 4-4-26　添加纯色层

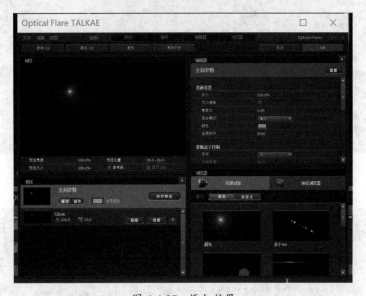

图 4-4-27　添加效果

（25）调整光效。调整"大小"为 380.0，然后修改颜色（参考文字的颜色），如图 4-4-28 所示。

图 4-4-28　调整参数

（26）在效果库中搜索 Fast Box Blur（快速方框模糊），将 Fast Box Blur 效果添加在这个图层上，然后将它的模糊半径拉大，如图 4-4-29 所示。

图 4-4-29　调整数值

制作公司名称
包装的效果

（27）按 Ctrl+M 组合键进行输出，如图 4-4-30 和图 4-4-31 所示。

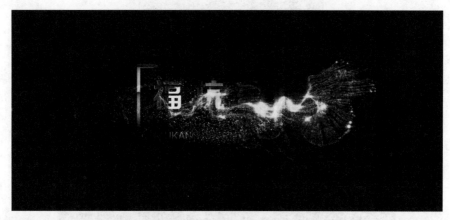

图 4-4-30　在 0:00:03:00 帧画面合成效果

图 4-4-31　在 0:00:08:00 帧画面合成效果

任务 4.5　Logo 包装制作

【任务描述】

Logo 包装通常出现在片尾，起到最终展示的作用。一个富有创意的 Logo 包装会给观众留下深刻印象。

【任务要求】

通过本任务主要掌握 E3D（Element 3D，也简称为 Element）的使用。

【知识链接】

Element 特效介绍

（1）Element 是一款结合三维软件操作习惯开发的三维模型插件，但并不是全三维插件，其主要用于进行运动设计和创建视觉特效。它可以导入三维软件中做好的模型，内置众多材质、灯光，使创建三维动画更快捷。它提供了组对称创建模式、动态组文件夹反射、哑光反射模式等强大的功能，并基于对象的粒子插件，使用了快速的 Open GL 3D 渲染引擎，即使导入的是三维元素，照样能做到实时预览，比 AE CS6（After Effects CS6）新增的光线跟踪功能效率要高很多。支持导入最流行的 3D 软件 .obj 格式和 .c4d 格式，同时无多边形限制。Element 支持 UV 贴图坐标，可轻易重建和导入贴图。Element 采用了独特的粒子阵列系统，该系统可以将 3D 对象分发成任何形状。

（2）Element 的使用也需要在纯色层上。

（3）Element 的属性参数如图 4-5-1 所示。

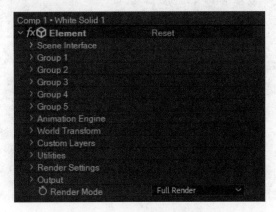

图 4-5-1 Element 特效的各个属性

- Scene Interface（场景界面）：可进行场景设置，Element 插件的使用操作主要在这里完成。
- Group 1（组 1）：用于物体分组，并对物体进行分别控制。
- Group 2（组 2）：用于物体分组，并对物体进行分别控制。
- Group 3（组 3）：用于物体分组，并对物体进行分别控制。
- Group 4（组 4）：用于物体分组，并对物体进行分别控制。
- Group 5（组 5）：用于物体分组，并对物体进行分别控制。
- Animation Engine（动画引擎）：可制作简单的动画效果。
- World Transform（世界变换）：对世界坐标进行调节，并进行群组排除设置。
- Custom Layers（自定义图层）：可自定义图层、遮罩或纹理图片。
- Utilities（公用）：可对模型表面 3D 点进行定位以及进行 OBJ 模型的导出。

- Render Settings（渲染设置）：可对渲染的物理环境、灯光、阴影等相关属性参数进行设置。
- Output（输出）：可对输出质量、显示变化等进行输出设置。
- Render Mode（渲染模式）：可选择渲染模式。

【任务实施】

制作 E3D 文字效果

（1）把需要的 Logo 用 PS 打开，选择路径，按 Ctrl+C 组合键复制，回到 AE 中。按 Ctrl+Y 组合键新建一个 1920 px×1080 px 的合成，将其命名为"总合成"，持续时间设为 0:00:12:00（12s）。按 Ctrl+N 组合键，新建一个纯色层，将其命名为"logo 路径遮罩"，按 Ctrl+V 组合键，将上述复制的路径粘贴到纯色层上，如图 4-5-2 和图 4-5-3 所示。

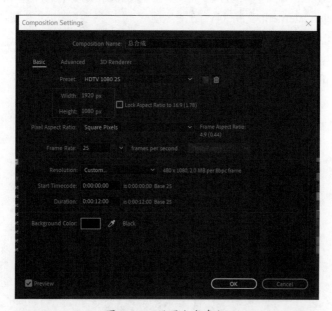

图 4-5-2　设置合成参数

图 4-5-3　合成效果

（2）按 Ctrl+Y 组合键，新建一个纯色层，将其命名为 e3d。在效果栏里搜索 Element，给 e3d 添加一个 Element 效果，如图 4-5-4 所示。

（3）在界面左上角找到 Effect Controls，打开"自定义图层"下拉列表，为"路径图层 1"选择第二个"logo 路径遮罩"。然后将"logo 路径遮罩"的视图关掉，再单击 e3d 的 Effect Controls，将 Scene Setup（场景设置）展开，如图 4-5-5 所示。

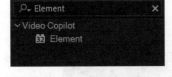

图 4-5-4　添加效果　　　　　　　　　图 4-5-5　选择路径图层

（4）展开 Scene Setup 后会出现一个场景窗口。找到最上面那一行，单击挤压（extrude）后，会出现 Logo 的模型，然后在编辑栏中将"倒角缩放"调为 3.43，如图 4-5-6 所示。

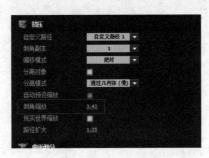

图 4-5-6　调整数值

（5）单击上方场景栏的"挤出模型"，将图 4-5-6 中选择的基础模型重命名为 mat，如图 4-5-7 所示。

（6）在预设栏里找到效果，选择一个效果（sliver dew）进行添加，如图 4-5-8 所示。

（7）单击 mat，将编辑栏里的"uv 重复"值改成 (7.00,7.00)，如图 4-5-9 所示。

图 4-5-7　重命名

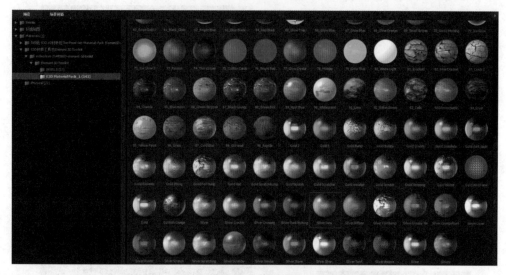

图 4-5-8　添加效果

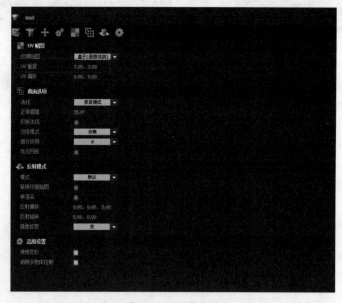

图 4-5-9　调整数值

（8）单击该预设，将编辑栏里"纹理"的"光泽度"数值调到 34.0%，单击"光泽度"，将分辨率拉大。将"基本设置"里的"光泽度"数值调到 65.0%，如图 4-5-10 和图 4-5-11 所示。

图 4-5-10　调整数值

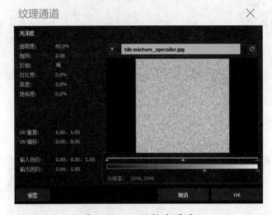

图 4-5-11　调整光泽度

（9）在编辑栏里找到"反射率"，将颜色改成灰色（#646464），将强度设置为 86.0%，如图 4-5-12 所示。

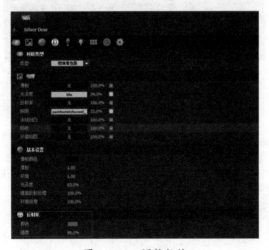

图 4-5-12　调整数值

（10）单击 mat，按 Ctrl+D 组合键，复制生成一新的图层。将生成的图层的名字改为 light。单击 light，将该图层往外拉。将 light 的"倒角缩放"调到 2.56，调整 light 的位置，使其与 mat 靠近，如图 4-5-13 所示。

图 4-5-13　调整位置

（11）单击 mat，将"路径扩大"调到 3.14，将"倒角缩放"调到 1.07，如图 4-5-14 所示。

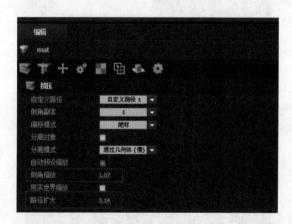

图 4-5-14　调整数值

（12）给 light 添加默认的材质预设。单击默认预设，选择编辑栏里的"基本设置"，将"基本设置"中的"漫射颜色"改成灰色（#434343），将光泽度调到 0.0%，如图 4-5-15 所示。

（13）单击 mat，按 Ctrl+D 组合键，复制生成一新图层，将新图层的图像拉到 light 图层的图像后面，如图 4-5-16 所示。

（14）单击 mat，按 Ctrl+D 组合键，复制生成一新图层，将新图层的"倒角缩放"调到 0.31，将"路径扩大"调到 -1.34。再单击 mat 层，按 Ctrl+D 组合键，复制生成一新图层，将新图层拉到最外面，如图 4-5-17 所示。

图 4-5-15　调整数值

图 4-5-16　调整位置

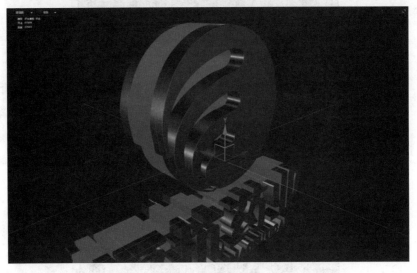

图 4-5-17　调整位置

（15）给最外面一层的 mat 加上预设材质（Sliver Diffuse Scratch）。单击该预设材质，在编辑栏里将"反射率颜色"调为深灰色（#2B2B2B），将"纹理"的"法线凹凸"调为 1.0%，将"光泽度"调为 13.0%，将"反射率"调为 21.0%，将"基本设置"里的"光泽度"调为 95.0%，如图 4-5-18 所示。

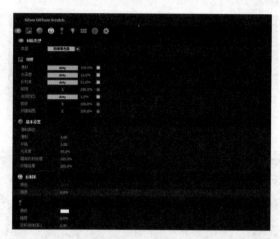

图 4-5-18　调整数值

（16）单击左上角"创建"，新建一个面。将面进地旋转，将"缩放"调为 (1200.0%,1200.0%,1200.0%)，如图 4-5-19 所示。

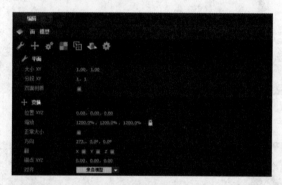

图 4-5-19　调整数值

（17）在预设栏里给面添加一个材质（Gold Speckle）。单击该材质，在编辑栏里将材质"反射率"下的颜色改为 #1B1B1B，将"基本设置"里的"光泽度"调为 88.0%，将"纹理"里的"光泽度"调为 18.0%，如图 4-5-20 所示。

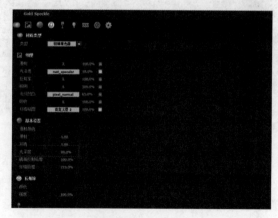

图 4-5-20　调整数值

（18）单击面，将设置里"反射模式"下的"模式"改为"镜像曲面"，如图 4-5-21 所示。

图 4-5-21　调整数值

（19）按 Ctrl+Y 组合键，新建一个 2048 px×2048 px 的合成，将其命名为"动态线"；然后按 Ctrl+N 组合键，新建一个纯色层，如图 4-5-22 所示。

图 4-5-22　设置合成参数

（20）在效果栏里搜索 Fractal noise，为纯色层添加效果，如图 4-5-23 和图 4-5-24 所示。

图 4-5-23　添加效果

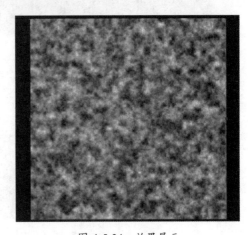

图 4-5-24　效果展示

（21）将 Effect Controls 的 Transfrom 下的 Complexity 改为 1.5，将 Noise Type 改为 Block，将 Frctal Type 改为 Threads，将 Contrast 调到 346.0，将 Brightness 调到 -68.0，如图 4-5-25 和图 4-5-26 所示。

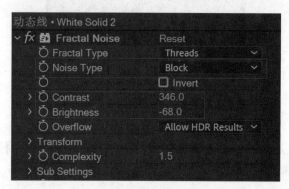

图 4-5-25　调整模式和数值

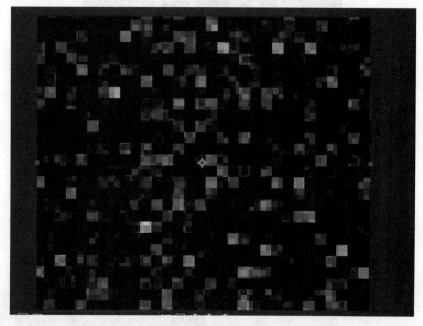

图 4-5-26　效果展示

（22）在效果栏查找 Find Edges，给纯色层添加效果。在 Effect Controls 里找到添加的 Find Edges 效果，勾选 Invent 复选框，如图 4-5-27 所示。

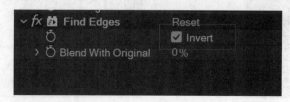

图 4-5-27　添加效果

（23）在"动态线"合成里选中纯色层，找到 Fractal Noise 效果下面的 Evolution，单击右边的开关，将表达式改为 time*-30，如图 4-5-28 所示。

图 4-5-28　改表达式

（24）同样找到 Offset，单击右边的开关，将表达式改为 [value[0]+time*30,value[1]]，如图 4-5-29 所示。

图 4-5-29　改表达式

（25）在 Transfrom 下找到 Sub Settings，展开 Sub Settings，找到 Sub Offset，打开最右边的开关，将表达式改为 [value[0]+time*-60,value[1]]，如图 4-5-30 所示。

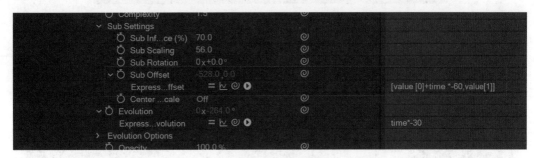

图 4-5-30　改表达式

（26）新建一个 2048 px×1024 px 的合成，将其命名为"环境背景"，如图 4-5-31 所示。

（27）在"环境背景"合成里新建一个形状图层 Shape Layer 1，将 Stroke Options 改成 None，颜色为白色，如图 4-5-32 所示。

（28）在 Shape Layer 1 图层下面找到 Rectangle 1，将 Size 调为 (130.0,700.0)，将 Position 调为 (-950.0,3.0)，如图 4-5-33 和图 4-5-34 所示。

图 4-5-31　设置合成参数

图 4-5-32　设置图层参数

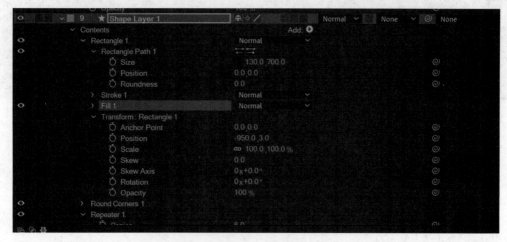

图 4-5-33　调整数值

图 4-5-34 Composition 面板效果

（29）将 Shape Layer 1 下的 Add 打开，找到 Repeater 1，将 Position 调为 (340.0,0)，将 Copies 改为 6.0，如图 4-5-35。

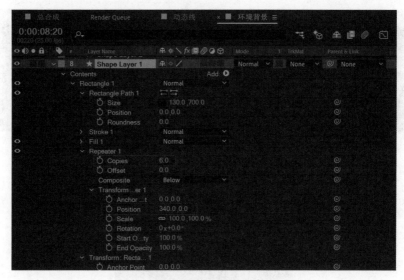

图 4-5-35 调整数值

（30）将 Shape Layer 1 下的 Add 打开，选择 Round Corners 1，如图 4-5-36 所示。

图 4-5-36 选择模式

（31）将 Shape Layer 1 的颜色改为灰色（#787878），如图 4-5-37 所示。

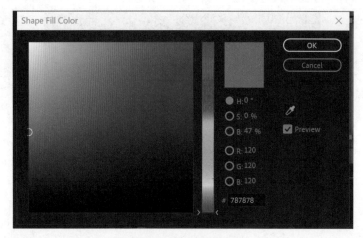

图 4-5-37　修改颜色

（32）按 Ctrl+D 组合键复制创建一层形状图层 Shape Layer 2，将其颜色改为白色。打开 Shape Layer 2，将 Rectangle 1 下面的路径打开，将 Size 调为(63.0,634.0)，如图4-5-38所示。

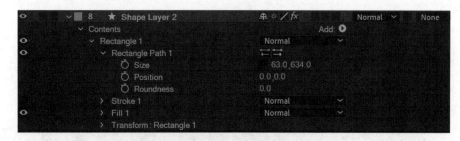

图 4-5-38　调整大小

（33）在效果库里搜索 fast box blur，给 Shape Layer 2 添加效果。单击 Shape Layer 2，在 Effect Controls 里找到 Iterations，将其数值改为 3，如图 4-5-39 和图 4-5-40 所示。

图 4-5-39　添加效果

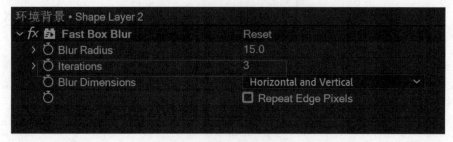

图 4-5-40　修改数值

（34）新建一个调整图层（Adjustment Layer 1），在效果库搜索 Transform，给 Adjustment Layer 1 添加效果，将 Anchor Point 数值改为 (1024.0,1119.0)，如图 4-5-41 和图 4-5-42 所示。

图 4-5-41　添加效果　　　　　　　　　　　　图 4-5-42　调整数值

（35）在效果库搜索 solid composite，将效果添加到 Adjustment Layer 1，将颜色改为黑色。然后将 Adjustment Layer 1 的 Mode，将此改为 Screen，如图 4-5-43 所示。

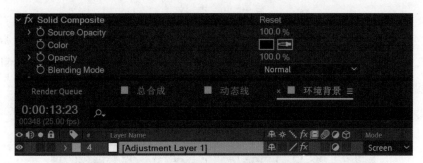

图 4-5-43　修改颜色、调整模式

（36）在效果库里找到 Mirror，将此效果添加到 Adjustment Layer 1 上，在 Effect Controls 里找到 Mirror 效果，将 Reflection Angle 改为 (0$_{\times}$+90.0°)，如图 4-5-44 和图 4-5-45 所示。

图 4-5-44　添加效果

图 4-5-45　调整数值

（37）在效果库里找到 Directional Blur 添加到 Adjustment Layer 1 上，将 Direction 设置为 $(0_\times+90.0°)$，将 Blur Length 调为 45.0。将 Adjustment Layer 1 的 Opacity 改为 30%，如图 4-5-46 所示。

图 4-5-46　调整数值

（38）新建一个调整图层（Adjustment Layer 2），将其命名为"位移"。将 Adjustment Layer 2 移到 Adjustment Layer 1 下面，如图 4-5-47 所示。在效果库搜索 transform，给 Adjustment Layer 2 添加效果。将 Anchor Point 数值改为 (926.0,512.0)。

图 4-5-47　复制图层

（39）新建一个调整图层（Adjustment Layer 3），在效果库搜索 glow，在 Stylize 的下面找到 Glow 效果，给 Adjustment Layer 3 添加效果。将 Glow Threshold 改为 45.0%，将 Glow Intensity 改为 0.5，将 Glow Radius 改为 60.0，然后按 Ctrl+D 组合键复制创建一层发光效果，将 Glow 2 的半径改为 60.0，然后将 Adjustment Layer 3 重命名为"发光"，将 Adjustment Layer 1 重命名为"上下镜像"，如图 4-5-48 和图 4-5-49 所示。

（40）新建一个调整图层（Adjustment Layer 4），将它移到"位移"下面。在效果库中搜索 tint 给 Adjustment Layer 4 添加效果。在 Effect Controls 里找到 Tint 效果，把 Map Wihte To 的颜色改为蓝色（#00CCFF），然后将 Adjustment Layer 4 重命名为"改色"，如图 4-5-50 和图 4-5-51 所示。

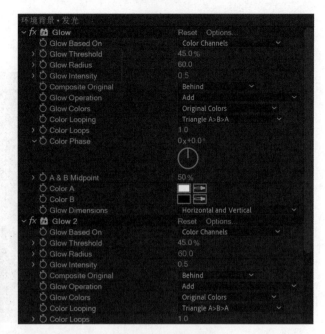

图 4-5-48　添加效果

图 4-5-49　调整数值

图 4-5-50　添加效果

图 4-5-51　修改颜色

（41）单击"改色"，选择蒙版工具，在界面右数第 3 个图案上画一个蒙版，然后将"改色"移到"上下镜像"上面，如图 4-5-52 所示。

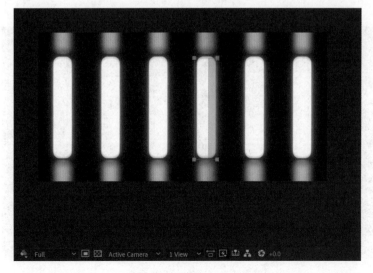

图 4-5-52　蒙版选区

（42）将"改色"移到"上下镜像"的下面，选择蒙版工具，给界面左数第 1 个也画一个蒙版，如图 4-5-53 所示。

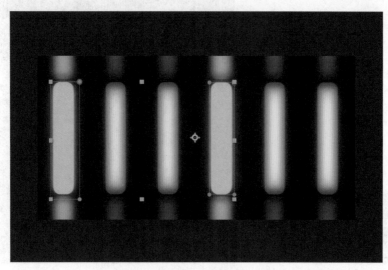

图 4-5-53　蒙版选区

（43）新建一个形状图层，将其命名为"背景"。单击"背景"，在画面上画一个矩形（Rectangle 1），将颜色改为灰黑色（#232323），然后再单击"背景"，将 Mode 改为 Screen，如图 4-5-54 和图 4-5-55 所示。

图 4-5-54　选择模式

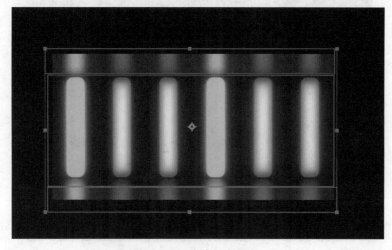

图 4-5-55　合成面板效果

（44）单击"背景"，在之前画的蒙版最上方再画一个矩形（Rectangle 2），颜色改为 #313131，然后在合成里的"背景"下方，将 Rectangle 2 移到 Rectangle 1 的下面。复制一层 Rectangle 2，新建一个矩形（Rectangle 3），将生成的 Rectangle 3 蒙版移到最底下，如图 4-5-56 和图 4-5-57 所示。

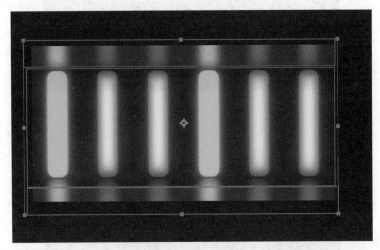

图 4-5-56　蒙版选区

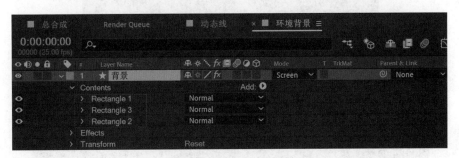

图 4-5-57　复制矩形

（45）单击"改色"，在效果库里搜索 Exposure（曝光度），将其添加到"改色"层。将 Exposure 的数值改为 0.50，将 Gamma Correction（灰度系数校正）改为 1.00，如图 4-5-58 和图 4-5-59 所示。

图 4-5-58　选择效果

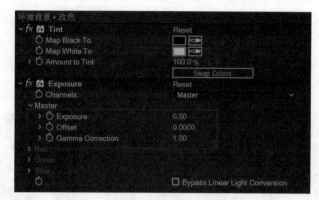

图 4-5-59　调整参数

（46）新建 Adjustment Layer 5，将其移到"改色"下面，添加一个 Exposure 效果，将该效果的数值改为 -2.60。单击 Adjustment Layer 5，选择蒙版工具，将剩下的白色图案两两一起画一个矩形蒙版，如图 4-5-60 和图 4-5-61 所示。

图 4-5-60　添加效果

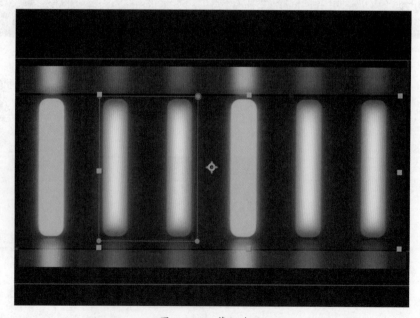

图 4-5-61　蒙版选区

（47）单击"背景"添加一个 Exposure 效果，将该效果的数值改为 0.50。将"环境背景"加入渲染队列输出，输出为 PSD。

（48）回到"总合成"，将"环境背景"和"动态线"合成拖到最下面，然后将下面 3 个合成的视图关掉，只留下 e3d 的视图。单击 e3d，在 Effect Controls 里找到"自定义图层"的"自定义纹理贴图"，将"图层 1"设置为"动态线"，将"图层 2"设置为"环境背景"，如图 4-5-62 所示。

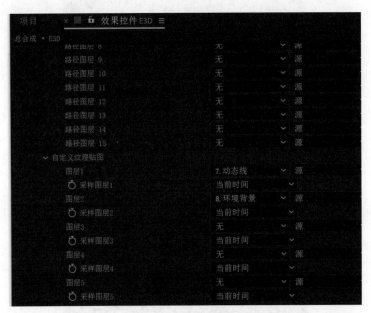

图 4-5-62　调整数值

（49）单击 Scene Setup，出现场景窗口，单击 Sliver Dew，在编辑栏里找到"纹理"，将"环境贴图"的"纹理通道"改为"自定义层 2"，将饱和度调到 -100.0%，将分辨率拉低，如图 4-5-63 和图 4-5-64 所示。

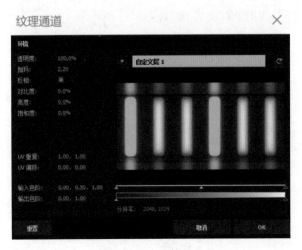

图 4-5-63　调整数值

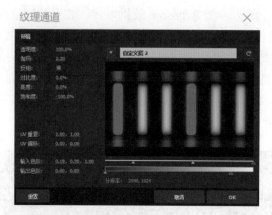

图 4-5-64　调整数值

（50）单击材质（Sliver Diffuse Scratch）和材质（Gold Speckle），在编辑栏里找到纹理，将"环境贴图"的"纹理通道"改为"自定义层 2"，如图 4-5-65 所示。

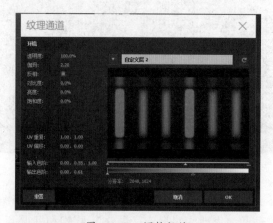

图 4-5-65　调整数值

（51）单击材质（Sliver Diffuse Scratch），将"基本设置"里的"镜面反射倍增"调为 25.0%，将"环境倍增"调为 600.0%，如图 4-5-66 所示。

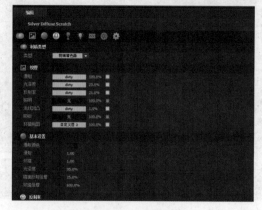

图 4-5-66　调整数值

（52）单击默认材质，在编辑栏里找到"纹理"，将"漫射""照明"的纹理通道改为"自定义层 1"，将"基本设置"里的"镜面反射倍增"和"环境倍增"都改为 0.0%，将"漫射颜色"改为白色，如图 4-5-67 所示。

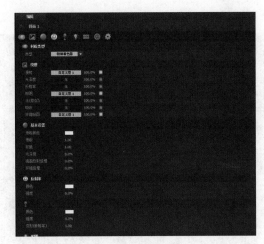

图 4-5-67　调整数值

（53）单击默认材质，在编辑栏里找到"照明"，将"强度"改为 1500.0%，将"颜色"改为 #F912AA，如图 4-5-68 所示。

图 4-5-68　调整数值

（54）新建一个 Preset 为 24mm 的摄像机，如图 4-5-69 所示。

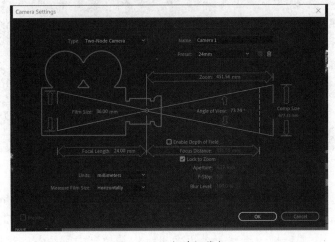

图 4-5-69　新建摄像机

（55）单击 e3d 图层，在 Effect Controls "群组 1" 中找到 "粒子旋转"，将 X 轴改成（0ₓ-90.0°）。单击 e3d 图层，在 Effect Controls 的 "渲染设置" 里找到 "旋转环境贴图"，将 X 轴改为（0ₓ-120.0°），在合成里找到 "环境贴图"，将表达式改为：time*-15+145，如图 4-5-70 和图 4-5-71 所示。

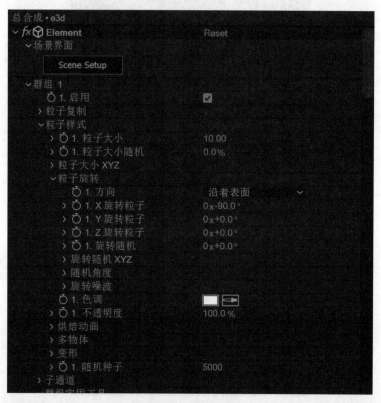

图 4-5-70　调整数值

图 4-5-71　改表达式

（56）将时间轴移至 0:00:00:00，单击摄像机，在设置界面为 Transform 下面的 Point of Interest 和 Position 设置关键帧。将摄像机时间拖到 4s 处，然后把时间轴拉到摄像机结束时间，再设置一个关键帧。新建一个摄像机，将其拉到中间位置，用同样的方式在起点和终点设置关键帧，位置可以自己调。最后再新建一个摄像机，将其拉到末尾，同样设置起点和终点的关键帧，如图 4-5-72 所示。

图 4-5-72　设置关键帧

（57）按 Ctrl+D 键复制新建一层 E3D 图层，将其命名为 e3d-light。单击 e3d-light，在 Effect Controls 里找到"输出"，将"显示"改为"照明"，如图 4-5-73 所示。

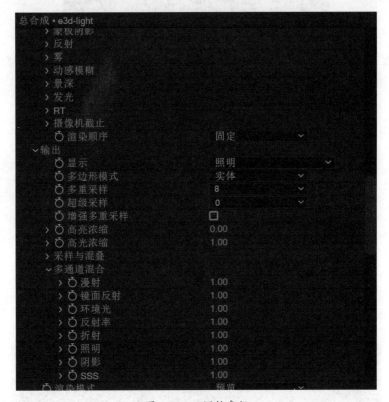

图 4-5-73　调整参数

（58）选择 e3d-light，右击添加效果，在 Stylize 里找到 Glow 效果，将其添加到 e3d-light 图层上。然后在 Effect Controls 里找到 Glow 效果，将 Glow Threshold 改为 45.0%，将

Glow Radius 改为 10.0。然后复制并生成一层 Glow 效果（Glow 2），将 Glow 2 的 Glow Radius 改为 680.0，将 Glow Intensity 改为 2.0，最后将 e3d-light 的模式改为 Add 模式，如图 4-5-74 所示。

图 4-5-74　调整数值

（59）选择 e3d-light，右击添加 Color Balance（颜色平衡）效果，然后在 Effect Controls 里找到相应效果，将色相调为 -30，如图 4-5-75 和图 4-5-76 所示。

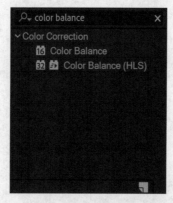

图 4-5-75　添加效果

图 4-5-76　调整效果

（60）将"总合成"添加到渲染队列并进行输出，如图 4-5-77 和图 4-5-78 所示。

制作 Logo
包装的效果

图 4-5-77　在 0:00:01:00 帧画面合成效果

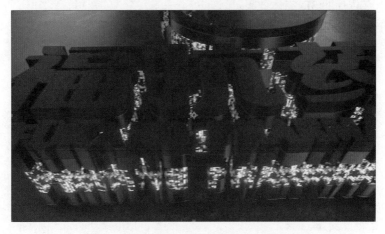

图 4-5-78　在 0:00:05:00 帧画面合成效果

项目拓展

请同学们自选一部宣传片，结合宣传片的内容制作相关特效包装。

重要提示：运用本教程内容进行制作。

思考与练习

1. 选择题

（1）在 AE 里应该使用（　　）控制粒子在整个生命周期内的大小。

  A．Size over Life   B．Size Random[%]

  C．Life Random[%]

（2）AE 里的分形杂色应该使用（　　）特效。

    A．Noise Type　　　　　　　　　　B．Fractal Type

    C．Fractal Noise

（3）AE 里的置换图应该使用（　　）特效。

    A．Adjustment Layer　　　　　　　B．Displacement Map

    C．Displacement Map Layer

2．判断题

（1）Size over Life 可以控制粒子在整个生命周期内透明属性的变化方式。　　（　　）

（2）Emitter 面板中的 Particles/sec 项用于控制每秒钟产生的粒子数量，利用该选项可以通过设定关键帧来实现在不同的时间内产生的粒子数量。　　（　　）

（3）Custom 参数组只有在粒子类型为 Custom 时才起作用。　　（　　）

3．实训题

（1）制作宣传片的 3D 字体效果。

（2）制作宣传片的图片包装效果。

（3）制作宣传片的字幕包装效果。

项目 **5**

电视栏目包装——《新闻直播间》栏目包装

📑 项目导读

电视栏目包装是电视包装的组成部分，它是通过图像、声音、颜色等外在形式要素的规范和强化，对电视频道栏目进行的品牌形象策划与设计。直接目的是树立栏目品牌形象，使栏目有效地区别于其他频道栏目，能够在众多的电视频道栏目中脱颖而出，将本频道的识别元素和品牌形象系统明确地表达出来，使观众对频道栏目甚至整个频道产生品牌认知。

电视栏目包装属于频道品牌形象体系的一部分，它与频道呼号、台标、宣传片、节目整体形式等都有较强的关联性。电视栏目包装具体指对栏目标识、宣传语、片头片尾、主持人形象、演播室装饰、声画造型、音乐节奏、色彩色调、字形字号等进行具有倾向性的规定、定位和设计。电视栏目包装不仅要与频道整体风格相匹配，而且要与栏目内容相融合，这样才能达到整体包装宣传的目的，进而建立起自己的品牌形象。

电视栏目包装的作用包括要突出节目、栏目、频道的个性特征和特点，确立并增强观众对节目、栏目、频道的识别能力，确立节目、栏目、频道的品牌地位，使包装的形式成为节目、栏目、频道的有机组成部分。电视栏目包装主要包括栏目的形象宣传片、片花、片尾、角标、字幕条及栏目字幕导视系统，它的组成会根据不同的栏目进行相应调整。本项目以制作"电视栏目包装——《新闻直播间》栏目包装"为例，完成栏目字幕条、栏目角标、栏目演播室以及栏目片尾制作 4 个任务。

▶ 教学目标

★掌握 Gradient Ramp（梯度渐变）、Drop Shadow（投影）、CC Light Sweep（扫光）、Glow（辉光）、Color Key（色彩键）、Colorama（彩色光）、Tint（色调）等特效的基本特点。

★掌握 Gradient Ramp、Drop Shadow、CC Light Sweep、Glow、Color Key、Colorama、Tint 等特效参数的设置，制作栏目字幕条、栏目角标、栏目演播室、栏目片尾。

★掌握综合运用特效制作栏目包装的能力，了解栏目包装的操作方法和制作技巧。

任务 5.1 栏目字幕条

【任务描述】

电视新闻的重要组成部分包括图像、声音、字幕等。图像和声音是电视新闻的构成主体，字幕则是二者的补充。字幕可以将图像和声音无法表达或难以表述清楚的内容进行补充说明。因此，字幕是电视新闻中不可或缺的构成元素，它不仅起到了解释说明的作用，还起到了一定的美化、装饰效果。字幕条根据用途分为标题条、人名条等多种版式，它显示的次数多、时间长，所以也需要对其专门进行设计，形成与整体风格相匹配的字幕系统。

字幕条的总体设计原则是，在简洁美观的同时保持栏目风格，具体要求包括字体搭配绚丽合适、字幕编排简洁明了、字句表达清晰明确等。新闻字幕条根据内容划分主要包括标题字幕、同期声字幕、角标字幕、滚动字幕、整版字幕、片尾字幕等。

新闻栏目在栏目风格和信息传达上要求庄重严谨，所以在设计新闻栏目字幕条时要重点注意文字的字体类型、字号大小及其颜色，字幕背景图的尺寸、颜色搭配，以及字幕条整体的位置、图文比例搭配、运动方向、运动节奏、装饰特效等。

【任务要求】

在《新闻直播间》栏目字幕条的制作中，主要学习 Gradient Ramp、Drop Shadow 特效的变化特征，掌握它们内置参数的设置方法，通过其相关属性的调节和关键帧的设置，配合其他特效的综合调整来制作《新闻直播间》栏目字幕条。

【知识链接】

1. Gradient Ramp 特效详解

Star of Ramp：渐变的起始位置。

Start Color：渐变的起始颜色。

End of Ramp：渐变的末端颜色。

End Color：渐变的末端颜色。

Ramp Shape：渐变类型。

Ramp Scatter：渐变扩散。

Blend With Original：和原图像混合程度。

2. Drop Shadow 特效详解

Shadow Color：阴影颜色。

Opacity：设置阴影的不透明度。

Direction：设置阴影的方向。

　　Distance：设置阴影的距离。

　　Softness：设置阴影的虚化程度。

　　Shadow Only：仅显示阴影。

【任务实施】

　　1. 绘制蓝色字幕条

　　（1）在菜单栏中执行 Composition → New Composition 命令，在打开的 "合成设置" 对话框中，设置 Composition Name 为 "新闻栏目字幕条"，Preset 选择 HDTV 1080 25，合成设置自动默认 Width 为 1920 px，Height 为 1080 px，Frame Rate 为 25，并设置 Duration 为 0:00:10:00，单击 OK 按钮。

字幕条的绘制

　　（2）在 "新闻栏目字幕条" 合成中创建名为 "蓝色字幕条" 的形状图层。在菜单栏中执行 Layer → New → Shape Layer 命令，新建一个形状图层。在时间轴面板中选择 Shape Layer 1 图层，按 Enter 键，将其重命名为 "蓝色字幕条"。

　　（3）在 "蓝色字幕条" 图层上添加 "矩形" 和 "填充" 属性。选中 "蓝色字幕条" 图层，单击图层左侧 ▶ 按钮，展开图层属性设置，单击图层属性中 Add 右侧 ● 按钮，选择 Rectangle 命令，继续单击图层属性中 Add 右侧 ● 按钮，选择 Fill（填充）命令，如图 5-1-1 所示。

图 5-1-1　添加 "矩形" 和 "填充" 属性

　　（4）对 "蓝色字幕条" 形状图层中 "矩形" 的 "等比缩放" 进行解锁，调整矩形大小和位置。选中 "蓝色字幕条" 图层，在 Rectangle Path1 属性界面中单击 Size 右侧 ⊂⊃ 按钮，解锁其默认绑定的等比缩放设置，将其数值设置为 (1995.0,200.0)；将 Position 的数值设置为 (0.0,318.0)，如图 5-1-2 所示。

图 5-1-2　矩形的 Size 与 Position 的设置

　　（5）设置 "蓝色字幕条" 形状图层中 "矩形" 的 "填充" 颜色为蓝色。选中 "蓝色字幕条" 图层，单击 Fill 1 左侧 ▶ 按钮，单击 Color 右侧的颜色选项按钮，设置 Color 的数值为 RGB(0,22,92)。

（6）为"蓝色字幕条"图层添加蒙版，并调整蒙版区域。选中"蓝色字幕条"图层，执行菜单栏中的 Layer → Mask → New Mask 命令，如图 5-1-3 所示。在合成面板中双击矩形蒙版边框 4 个点中的任意 1 点，可修改和移动矩形蒙版的大小和位置，调整效果如图 5-1-4 所示，按 Enter 键确定。

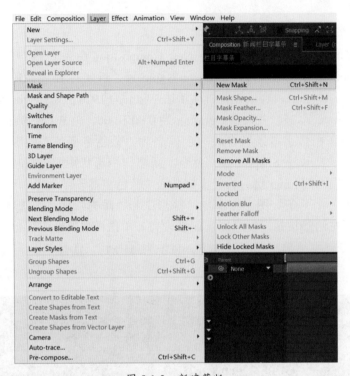

图 5-1-3　新建蒙版

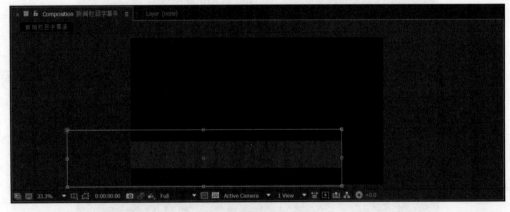

图 5-1-4　调整蒙版的最终效果

（7）对"蓝色字幕条"形状图层"蒙版羽化"的"等比羽化"进行解锁，并调整羽化范围。选中"蓝色字幕条"图层，单击 Masks 左侧下拉按钮，继续展开 Mask1 的属性设置，单击 Mask Feather（蒙版羽化）右侧■按钮，解锁其等比羽化的大小，将其数值设置为 (1000.0,0.0)，如图 5-1-5 所示，合成效果如图 5-1-6 所示。

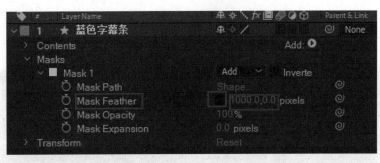

图 5-1-5　蒙版的羽化值设置

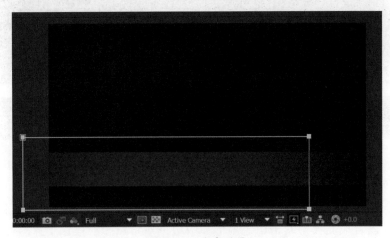

图 5-1-6　合成效果

2．绘制白色字幕条

（1）在"新闻栏目字幕条"合成中创建名为"白色字幕条"的形状图层。执行菜单栏中的 Layer → New → Shape Layer 命令，新建一个形状图层，将图层命名为"白色字幕条"，放置在时间轴面板的顶层。

（2）在"白色字幕条"形状图层上创建白色的矩形前，预先调整矩形工具的设置。选中工具栏中 Rectangle Tool，如图 5-1-7 所示，再单击 Stroke 按钮 Stroke，打开 Stroke Options 对话框，选择 None 选项，如图 5-1-8 所示，再修改工具栏 Fill 右侧的颜色选项，把颜色改为白色，如图 5-1-9 所示。

图 5-1-7　选中矩形工具

图 5-1-8　设置 Stroke Options 为 None

图 5-1-9　修改填充颜色为白色

（3）在"白色字幕条"形状图层上创建白色"矩形"。选中"白色字幕条"形状图层，在合成面板中绘制一个白色矩形，如图 5-1-10 所示。

图 5-1-10　绘制白色矩形

（4）为"白色字幕条"形状图层添加"蒙版"，并调整蒙版区域。选中"白色字幕条"形状图层，执行菜单栏中的 Layer → Mask → New Mask 命令，单击 Masks 左侧下拉按钮，选中 Mask1，在合成面板中双击白色矩形蒙版边框 4 个点中的任意 1 点，可修改和移动白色矩形蒙版的大小和位置，调整效果如图 5-1-11 所示，按 Enter 键确定。

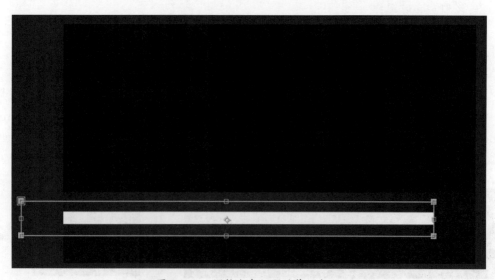

图 5-1-11　调整白色矩形的蒙版大小

（5）对"白色字幕条"形状图层"蒙版羽化"的"等比羽化"进行解锁，并调整羽化范围。单击 Mask Feather 右侧 按钮，解锁其等比羽化的大小，将其数值设置为 (500.0,0.0)。

（6）导入"地球背景素材"视频，调整视频位置和大小。执行菜单栏中的

File → Import → File 命令,打开 Import File 对话框,选择配套素材中的"工程文件 / 项目 5/ 任务 1/footage/ 地球背景素材 .mp4"文件,将视频素材文件导入项目面板。在 Project 面板中,将"地球背景素材 .mp4"放置在时间轴面板的"白色字幕条"图层的下方,按 P 键,修改 Position 的数值为 (-125.0,727.0),按 S 键,设置 Scale 的数值为 (36.0,36.0),如图 5-1-12 所示。

图 5-1-12 将素材放置在时间轴面板中

（7）复制"蓝色字幕条"形状图层,将其作为"地球背景素材"视频的"Alpha 轨道遮罩"。选中"蓝色字幕条"形状图层,按 Ctrl+D 组合键,复制创建一个"蓝色字幕条"形状图层,即"蓝色字幕条 2"形状图层,将其移至"地球背景素材"视频图层之上,在时间轴面板中单击窗口左下角按钮,打开层模式属性,单击"地球背景素材"视频图层右侧的 Track Matte 栏下方的 None 按钮,在弹出的下拉菜单中选择 Alpha Matte 选项,如图 5-1-13 所示。

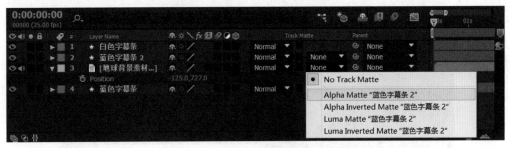

图 5-1-13 选择 Alpha 轨道遮罩的命令

（8）调整"蓝色字幕条 2"形状图层的"蒙版羽化"范围数值和蒙版区域。选中"蓝色字幕条 2"形状图层,按 F 键,设置 Mask Feather 的值为 (0.0,0.0),选中其 Mask1 命令,双击合成面板中 Mask 边框线上任意点,缩小 Mask 的区域范围,合成效果如图 5-1-14 所示。

（9）使"蓝色字幕条"形状图层（父）与"蓝色字幕条 2"形状图层（子）和"地球背景素材"视频图层（子）分别建立父子关系。按 Ctrl 键,同时选中"蓝色字幕条 2"形状图层和"地球背景素材"视频图层,分别单击"蓝色字幕条 2"形状图层和"地球背景素材"视频图层右侧的 Parent 栏下方的 None 按钮,在弹出的下拉菜单中选择"4. 蓝色字幕条"选项,这样便分别使"蓝色字幕条 2"形状图层（子）和"地球背景素材"视频图层（子）与"蓝色字幕条"形状图层（父）建立了父子关系,如图 5-1-15 所示。

图 5-1-14　设定跟踪蒙版的大小

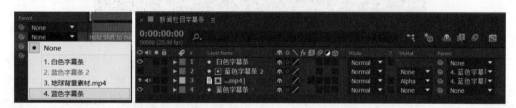

图 5-1-15　建立父子关系

3.　绘制蓝色渐变字幕条

（1）选中"白色字幕条"图层,按 Ctrl+D 组合键,复制创建一个"白色字幕条"图层,按 Enter 键,将该图层重命名为"蓝色渐变字幕条",将其放置在"地球背景素材"视频图层的下方,按 P 键,设置"蓝色渐变字幕条"形状图层 Position 的数值为 (960.0,610.0),如图 5-1-16 所示。

图 5-1-16　创建"蓝色渐变字幕条"并修改其 Position 的数值

（2）为"蓝色渐变字幕条"形状图层添加"过渡渐变"特效，并调整过渡渐变的首末端颜色。选中"蓝色渐变字幕条"形状图层，在 Effects Presets 面板中展开 Generate 特效组，双击 Gradient Ramp 为"蓝色渐变字幕条"形状图层添加特效，在 Effect Controls 面板中修改 Gradient Ramp 特效参数，设置 Start of Ramp 的值为 (-16.0,928.0)，设置 End of Ramp 的值为 (1972.0,950.0)，单击 Start Color 右侧的颜色按钮，设置颜色为 RGB(0,29,82)，单击 End Color 右侧的颜色按钮，设置颜色为 RGB(0,60,160)，如图 5-1-17 所示。过渡渐变的合成效果如图 5-1-18 所示。

图 5-1-17　过渡渐变的参数设置　　　　　　图 5-1-18　过渡渐变的合成效果

4. 创建文字字幕

（1）新建"集中力量推进乡村产业振兴"文字图层，设置字体、字体风格、字号、颜色、对齐方式，调整文字位置，并在指定位置添加标尺。执行菜单栏中的 Layer → New → Text 命令，新建一个文字图层，输入文字"集中力量推进乡村产业振兴"。在 Character 面板中，设置文字字体为思源黑体 CN，字体风格为 Blod（加粗），字体大小为 72 px，字体颜色为白色，Paragraph 选择 Left align text ▤，按 P 键，调整该文字的位置，合成效果如图 5-1-19 所示。按 Ctrl+R 组合键，打开画面合成的标尺命令界面，从画面合成面板左侧拖拽一根竖线的标尺线，移至与"集中力量推进乡村产业振兴"文字串左端对齐，如图 5-1-20 所示。

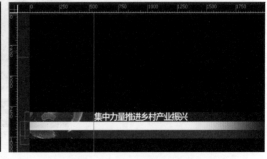

图 5-1-19　编辑"集中力量推进乡村产业振业"文字层　　　　图 5-1-20　设置标尺的位置

（2）新建"乡村振兴……"文字图层，设置字体、字体风格、字号、颜色、对齐方式，调整文字位置。新建一个文字图层，输入文字"乡村振兴重在产业兴旺 加快推进示范种植基地建设"。在 Character 面板中，设置文字字体为思源黑体 CN，字体风格为 Bold，字体大小为 48 px，字体颜色设置为 RGB(46,46,46)，Paragraph 选择 Left align text ▤，按 P 键，调整该文字串的位置，与"集中力量推进乡村产业振兴"文字串左端对齐，合成效果如图 5-1-21 所示。

图 5-1-21　编辑"乡村振兴……"文字层

（3）新建"合肥……"文字图层，设置字体、字体风格、字号、颜色、对齐方式，调整文字位置，同时开启 Title/Action Safe（文字 / 画面安全框），确保所有文字、字幕条都在文字安全框内。新建一个文字图层，输入文字"合肥 晴 0～10℃·南京 晴 2～10℃·上海 多云 7～12℃·武汉 多云 1～9 ℃·长沙 阴 3～9℃·南昌 晴 5～10℃"。在 Character 面板中，设置文字字体为思源黑体 CN，字体风格为 Regular（常规），字体大小为 32 px，字体颜色为白色。Paragraph 选择 Left align text ▤，按 P 键，调整该文字的位置，与"集中力量推进乡村产业振兴"字符串左端对齐。单击合成面板下的 ▣ 按钮，选择 Title/Action Safe，如图 5-1-22 所示，确保字幕条在文字边框的安全范围内，效果如图 5-1-23 所示。

图 5-1-22　文字 / 画面安全框

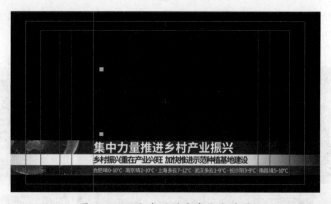

图 5-1-23　合成后的文字安全范围

（4）新建"新闻直播间"文字图层，设置字体、字体风格、字号、颜色、对齐方式，调整文字位置不超出画面安全框左端。新建文字图层，输入文字"新闻直播间"。在 Character 面板中，设置文字字体为思源黑体 CN，字体风格为 Heavy，字体大小为 55 px，字体颜色设置为 RGB(46,46,46)，Paragraph 选择 Left align text ▤，将该文字层对齐画面的安全边框，合成效果如图 5-1-24 所示。

图 5-1-24　"新闻直播间"文字图层合成效果

（5）为"新闻直播间"文字图层中的字符设置黄色渐变效果。选中"新闻直播间"文字图层，在 Effects & Presets 面板中展开 Generate 特效组，双击 Gradient Ramp 特效，在 Effect Controls 面板中修改 Gradient Ramp 特效参数，设置 Start of Ramp 的值为 (224.0,843.0)，设置 End of Ramp 的值为 (226.0,912.0)，单击 Start Color 右侧的颜色按钮，设置颜色为 RGB(255,230,145)，单击 End Color 右侧的颜色按钮，设置颜色为 RGB(170,124,0)，过渡渐变文字效果的参数设置界面如图 5-1-25 所示。

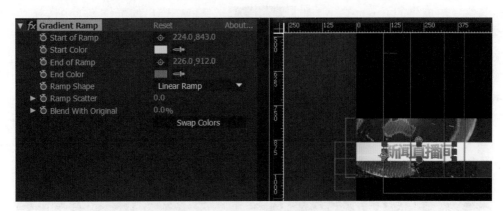

图 5-1-25　渐变文字效果的参数设置

（6）为"新闻直播间"文字图层中的字符设置斜面厚度效果。选中"新闻直播间"文字图层，在 Effects & Presets 面板中展开 Perspective 特效组，双击 Bevel Alpha（斜面Alpha）特效，在 Effect Controls 面板中修改 Bevel Alpha 特效参数，设置 Edge Thickness（边缘厚度）的值为 1.00，设置 Light Intensity（光强度）的值为 0.80，如图 5-1-26 所示。

图 5-1-26　斜面 Alpha 特效的参数设置

（7）为"新闻直播间"文字图层中的字符设置黑色阴影效果。选中"新闻直播间"文字图层，在 Effects Presets 面板中展开 Perspective 特效组，双击 Drop Shadow 特效，在 Effect Controls 面板中修改 Drop Shadow 特效参数，设置 Opacity 的值为 80%，设置 Distance 的值为 2.0，设置 Softness 的值为 5.0，单击合成面板下的██按钮，再次选择 Title/Action Safe，取消安全边框的视图模式，如图 5-1-27 所示。

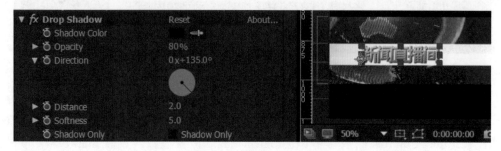

图 5-1-27　阴影特效参数设置

5．创建字幕条动画效果

（1）分别建立文字图层与形状图层的父子关系。选中"乡村振兴……"文字图层，单击该文字层右侧的 Parent 栏下方的 None 按钮，在弹出的下拉菜单中选择"5. 白色字幕条"选项，为两个文字图层建立父子关系；选择"集中力量推进乡村产业振兴"文字图层，单击该文字层右侧的 Parent 栏下方的 None 按钮，在弹出的下拉菜单中选择"9. 蓝色字幕条"选项，为两个文字图层建立父子关系；选择"合肥……"文字图层，单击该文字层右侧的 Parent 栏下方的 None 按钮，在弹出的下拉菜单中选择"8. 蓝色渐变字幕条"选项，为两个文字图层建立父子关系；选择"新闻直播间"文字图层，单击该文字层右侧的 Parent 栏下方的 None 按钮，在弹出的下拉菜单中选择"5. 白色字幕条"选项，为两个文字图层建立父子关系，如图 5-1-28 所示。

图 5-1-28　绑定各图层的父子关系

（2）给"蓝色字幕条"文字图层设置从左侧进入画面的位置动画。将时间轴移至 0:00:00:12 位置，选中"蓝色字幕条"文字图层，按 P 键，单击 Position 左侧的"码表"按钮██，在此位置设置关键帧，将时间轴移至 0:00:00:00 位置，设置 Position 的参数为 (-1058.0,540.0)。

（3）调整"蓝色字幕条"文字图层位置动画的运动速率。选中"蓝色字幕条"文字图层，按 Shift 键，同时选中 Position 的两个关键帧，右击，选择 Keyframe Assistant → Easy Ease 命令，如图 5-1-29 所示，改变帧的运动速率。

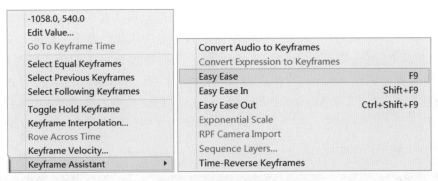

图 5-1-29　设置帧的属性

（4）给"集中力量推进乡村产业振兴"文字图层设置透明度动画。将时间轴调至
0:00:00:19 位置，选中"集中力量推进乡村产业振兴"文字图层，按 T 键，单击 Opacity
左侧的"码表"按钮 ，设置关键帧，将时间轴调至 0:00:00:06 位置，调整 Opacity 数值
为 0%。

（5）给"白色字幕条"文字图层设置从右侧进入画面的位置动画，并调整其运动速率。
将时间轴调至 0:00:00:15 位置，选中"白色字幕条"文字图层，按 P 键，单击 Position
左侧的"码表"按钮 ，在此位置设置关键帧，将时间轴调至 0:00:00:00 位置，调整
Position 的参数为 (3082.0,552.0)，如图 5-1-30 所示。按 Shift 键，同时选中 Position 的两
个关键帧，右击，选择 Keyframe Assistant → Easy Ease 命令，改变帧的运动速率，如图
5-1-31 所示。

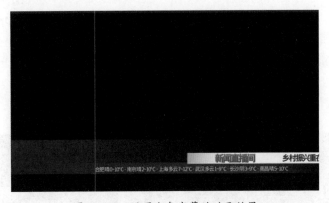

图 5-1-30　设置白色字幕的动画效果

图 5-1-31　改变帧的运动速率

（6）选择"蓝色渐变字幕条"文字图层，将该图层设置从右侧进入画面的位置动画，并调整其运动速率。将时间轴移至 0:00:00:15 位置，选中"蓝色渐变字幕条"文字图层，按 P 键，单击 Position 左侧的"码表"按钮，在此位置设置关键帧，将时间轴移至 0:00:00:00 位置，调整 Position 的参数为 (2984,610.0)；按 Shift 键，同时选中 Position 的两个关键帧，右击，选择 Keyframe Assistant → Easy Ease 命令，改变帧的运动速率；将时间轴调至 0:00:00:04 位置，将"蓝色渐变字幕条"文字图层向后拖至 0:00:00:04 位置，改变图层的入点时间，如图 5-1-32 所示。

图 5-1-32　改变图层的入点时间

（7）为"乡村振兴……"文字图层和"新闻直播间"文字图层设置透明度动画。选择"合肥……"文字图层，将该图层放置在"地球背景素材"视频图层下方，选中"乡村振兴……"文字图层，将时间轴移至 0:00:00:22 位置，按 T 键，单击 Opacity 左侧的"码表"按钮，在此位置设置关键帧，将时间轴移至 0:00:00:09 位置，调整 Opacity 的数值为 15%；选择"新闻直播间"文字图层，将时间轴调至 0:00:00:22 位置，按 T 键，单击 Opacity 左侧的"码表"按钮，在此位置设置关键帧，将时间轴移至 0:00:00:11 位置，调整 Opacity 的数值为 0%，如图 5-1-33 所示。

图 5-1-33　设置文字透明度的动画效果

（8）给"新闻栏目字幕条"合成中所有图层开启"运动模糊"。按 Ctrl+A 组合键，选中时间轴面板所有层，单击时间轴面板上<Motion Blur（运动模糊）下方的所有图层，开启所有图层的运动模糊命令，如图 5-1-34 所示。

图 5-1-34　设置运动模糊

（9）给"合肥……"文字图层设置从右侧进入画面的位置动画。选中"合肥……"文字图层，将时间轴调至 0:00:00:00 位置，按 P 键，设置 Position 的参数为 (470,344.1)，单击 Position 左侧"码表"按钮，为其添加一个关键帧；将时间轴调至 0:00:09:24 位置，设置 Position 的参数为 (-1821.0,344.1)，此处将自动生成新的关键帧。

（10）为"合肥……"文字图层建立轨道蒙版遮罩，调节遮罩范围。按 Ctrl+Y 组合键，新建纯色层，在该层上绘制一个新的 Mask，效果如图 5-1-35 所示。选择"合肥……"文字图层，在 Track Matte（轨道遮罩）中单击 None ▼ 按钮，选择 Alpha Inverted Matte 选项，效果如图 5-1-36 所示，该遮罩的设置可将"合肥……"文字图层的显示终点与"集中力量推进乡村产业振业"文字图层、"乡村振兴……"文字图层保持一致；单击该新建纯色层右侧的运动模糊效果，并将该图层的父子关系选择为"9. 蓝色渐变字幕条"形状图层，最终效果如图 5-1-37 所示。

图 5-1-35　绘制新纯色层　　　　　　　　图 5-1-36　添加轨道蒙版效果

（11）执行菜单栏中的 File → Import → File 命令，打开 Import File 对话框，选择配套素材中的"工程文件 / 项目 5/ 任务 1/footage/ 新闻视频素材 .mp4"文件，将视频素材文件导入 Project 面板中。将素材拖至时间轴面板的"蓝色字幕条"层的下方，合成效果如图 5-1-38 所示。

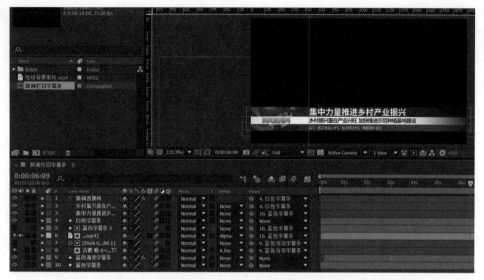

图 5-1-37　文字合成效果

图 5-1-38　素材合成后的画面效果

6.　创建灯光效果

（1）按 Ctrl+Y 组合键，新建一个黑色的纯色层，将其命名为 OF，在 Effects & Presets 面板中展开 Video Copilot（视频光效）特效组，双击 Optical Flares（光晕）特效，在 Effect Controls 面板中修改 Optical Flares 特效参数，单击 Option 按钮，打开 Optical Flares Options（光晕选项）对话框。

（2）单击 Clear All（清空所有）按钮，弹出 Confirm（确认）对话框，单击 YES 按钮，如图 5-1-39 所示，在弹出的界面中选择 Browser（浏览器）组中的 Streak（条纹）光线效果，如图 5-1-40 所示，单击 OK 按钮。

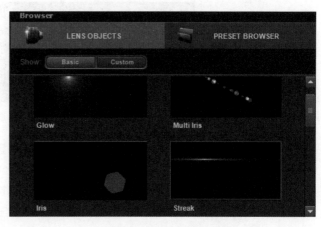

图 5-1-39　清空默认选择的光晕效果　　　　　　图 5-1-40　选择线光晕效果

（3）在 Effect Controls 面板中修改 Optical Flares 特效参数，在 Render Mode 右侧选择 On Transparent 选项，如图 5-1-41 所示，设置 Position XY 数值为 (576.0,324.0)，Color 设置为 RGB(196,229,255)。

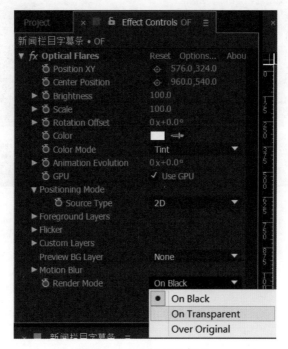

图 5-1-41　修改渲染模式

（4）将时间轴调至 0:00:00:23 位置，单击 Position XY 和 Brightness 左边的"码表"按钮 设置关键帧，将时间轴移至 0:00:00:00 位置，设置 Position XY 的参数为 (-83.0,768.0)，设置 Brightness 的参数为 0.0，选择 OF 图层，按 U 键，显示所有设置后的关键帧，将时间轴移至 0:00:09:24 位置，设置 Position XY 的参数为 (1234.0,768.0)，如图 5-1-42 所示。

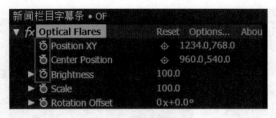

图 5-1-42　光晕位置效果的参数设置

（5）选择 OF 光晕层，按 Ctrl+D 组合键，复制创建一个 OF 光晕层，将时间轴移至 0:00:00:23 位置，设置 Position XY 的参数为 (1029.0,968.0)，将时间轴调至 0:00:00:00 位置，设置 Position XY 的参数为 (1195.0,968.0)，将时间轴移至 0:00:09:24 位置，设置 Position XY 的参数为 (115.0,968.0)，最终合成效果如图 5-1-43 所示。

图 5-1-43　新闻字幕条的最终合成效果

任务 5.2 栏目角标

【任务描述】

栏目角标是在栏目播出时悬挂在屏幕画面边缘播放的动态标识，也是栏目的形象标识，起到打造品牌形象和强化识别的重要作用。栏目角标一般出现在屏幕的左下角或右下角，同时也可以根据不同栏目的具体情况呈现在屏幕的其他位置。

栏目角标在实际应用中又分为静态角标和动态角标，通常要根据实际需求选择静态角标或动态角标。与设计字幕条相似，角标的设计首先要贴合栏目风格的定位和频道整体包装的效果。本项目中用的是动态角标，它有助于提升栏目角标的整体表现效果。

【任务要求】

在《新闻直播间》栏目角标的制作中,主要学习 CC Light Sweep(扫光)、Glow(辉光)特效的变化特征,掌握它们内置参数的设置方法,通过其相关属性的调节和关键帧的设置,配合其他特效进行综合运用,制作出《新闻直播间》栏目角标。

【知识链接】

1. CC Light Sweep 特效详解

Center:设置扫光中心点位置。

Direction:设置扫光的方向。

Shape:扫光类型。

Width:扫光的光线宽度。

Sweep Intensity:扫光的扫描强度。

Edge Intensity:扫光的边缘强度。

Edge Thickness:扫光的边缘厚度。

Light Color:扫光颜色。

Light Reception:光线的接收。

2. Glow 特效详解

Glow Base On:发光基于的位置,选择发光特效所产生的通道。

Glow Threshold:发光阈值,设置发光特效的极限程度,阈值越大,发光的面积越大。

Glow Radius:设置发光特效的半径范围。

Glow Intensity:设置发光特效的强度。

Composite Original:设置发光特效与原始图像的合成方式。

Glow Operation:设置发光特效与原始图像的混合模式。

Glow Color:设置发光特效的颜色。

Color Looping:颜色的循环,设置发光特效颜色循环的方式。

Color Loops:设置发光特效颜色循环的次数。

Color Phase:设置颜色发光的位置。

Color A&B Midpoint:A、B 颜色的中心点,设置发光特效两种颜色的中心位置。

Color A:设置 Color A 的颜色。

Color B:设置 Color B 的颜色。

Glow Dimensions:发光的维度,设置发光特效的方向。

【任务实施】

1. 制作角标

(1)执行菜单栏中的 Composition → New Composition 命令,在打开的"合成设置"对话框中,设置 Composition Name 为"角标预览",Preset 选择 HDTV 1080 25,合成设置自动默认 Width 为 1920 px,Height 为 1080 px,

制作角标

Frame Rate 为 25，并设置 Duration 为 0:00:10:00，单击 OK 按钮。

（2）执行菜单栏中的 File → Import → File 命令，打开 Import File 对话框，选择配套素材中的"工程文件 / 项目 5/ 任务 1/footage"下的新闻视频 .mp4 文件和地球背景素材 .mp4 文件，将视频素材文件导入 Project 面板中，再将"新闻视频 .mp4"文件拖至时间轴面板中。

（3）按 Ctrl+Y 组合键，新建纯色层，设置 Name 为"角标的大小"，设置 Width 为 300 px，设置 Height 为 140 px，如图 5-2-1 所示；按 P 键，设置 Position 的数值为 (338.5,886.5)，确认角标的大小与位置，如图 5-2-2 所示。

图 5-2-1　纯色层设置

图 5-2-2　设置角标的位置

（4）单击 Project 面板下方 Create a new Composition（新建合成）按钮 ，弹出"合成设置"对话框，设置 Composition Name 为"角标"，Preset 选择 Custom，为了提高角标的清晰度，设置合成 Width 为 600 px，Height 为 280 px，Frame Rate 为 25，并设置 Duration 为 0:00:10:00，单击 OK 按钮。

（5）将"地球背景素材 .mp4"拖拽到时间轴面板中，按 P 键，设置 Position 的数值为 (-521.0,-39.0)，如图 5-2-3 所示；单击 Composition 面板下方的 Magnification ratio popup 按钮 (152%) ，选择 50% 的窗口视图大小，如图 5-2-4 所示；按 Y 键，激活中心点命令工具，将中心点的位置放置在如图 5-2-5 所示位置；按 S 键，设置 Scale 的数值为 (30%,30%)，将视频画面中的地球背景图片调至居中的位置，效果如图 5-2-6 所示。

图 5-2-3　地球素材位置的设置

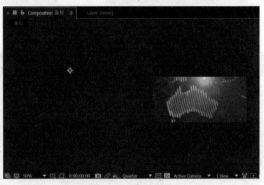

图 5-2-4　50% 的窗口大小和视频默认的中心点位置

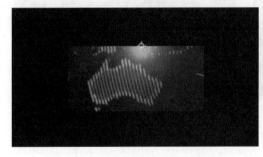

图 5-2-5　改变视频中心点的位置

图 5-2-6　缩小视频的效果

（6）按 V 键，切换到移动工具命令；执行菜单栏中的 Layer → New → Text 命令，输入文字"新闻直播间"，在 Character 面板中，设置文字字体为思源黑体 CN，字体风格为 Bold，字体大小为 90 px，字间距为 50，字体颜色为白色，在 Paragraph 面板中选择 Center text 按钮 ，在 Align 面板中单击 Align Horizontally 按钮 和 Align Vertically 按钮 ，如图 5-2-7 所示。修改文字属性后的效果如图 5-2-8 所示。

（7）在 Effects & Presets 面板中展开 Video Copilot（视频光效）特效组，双击 VC Reflect（VC 反射）特效，在 Effect Controls 面板中修改 VC Reflect 特效参数，设置 Floor Position（落地位置）的值为 (302.0,184.0)，设置 Reflection Distance（反射距离）的值为 100.0%，设置 Opacity 的值为 100.0%，参数设置如图 5-2-9 所示。VC 反射的合成效果如图 5-2-10 所示。

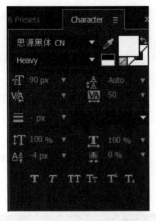

图 5-2-7　修改文字属性　　　　　　　　图 5-2-8　合成面板的效果

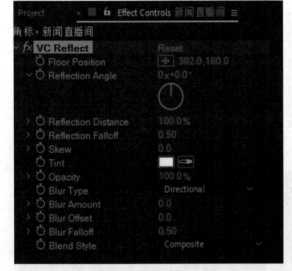

图 5-2-9　　VC 反射的参数设置　　　　图 5-2-10　VC 反射的合成效果

（8）选中时间轴面板上的"新闻直播间"文字层，按 Ctrl+Shift+C 组合键，弹出 Pre-compose 对话框，选中默认的第 2 个选项，如图 5-2-11 所示，通过 Columns（塔器）中的 3D Layer（3D 图层）⬚命令激活"新闻直播间"合成的 3D 效果。选中"新闻直播间"合成层，在右侧单击⬚下方的方块按钮，如图 5-2-12 所示。

（9）双击 Project 面板中"角标预览"合成，将 Project 面板中"角标"的合成拖至时间轴面板的顶层，按 S 键，设置 Scale 的数值为 (50,50%)，按 P 键，设置 Position 的数值为 (338.5,886.5),如图 5-2-13 所示,单击"角标的大小"层左侧◉按钮,隐藏"角标的大小"层的效果。

2．制作角标的灯光效果

（1）在 Project 面板中双击"角标"合成，将时间轴窗口切换至"角标"合成，将时间轴移至 0:00:01:00 位置，在时间轴面板中选择"新闻直播间"层，按 [键，可自动将素材移至 0:00:01:00 位置，如图 5-2-14 所示。按 Shift+T 组合键，可以同时显示 Opacity 属性，将时间轴移至 0:00:02:00 位置，单击 Position 和 Opacity 左侧的"码表"按钮 ，在此位置设置 Position 和 Opacity 的关键帧，将时间轴移至 0:00:01:00 位置，设置 Position 的参数为 (300.0,140.0,-400.0)，设置 Opacity 的数值为 0%。将时间轴移至 0:00:08:00 位置，单击 Position 和 Opacity 左侧的"菱形"按钮 ，添加关键帧（关键字数值不变）。将时间轴移至 0:00:09:00 位置，设置 Position 的参数为 (300.0,140.0,-400.0)，设置 Opacity 的数值为 0%。按 Shift 键，同时选中 Position 与 Scale 的所有关键帧，执行菜单栏中 Animation → Keyframe Assistant → Easy Ease 命令，改变帧的运动速率。

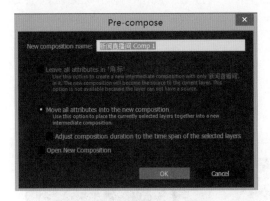

图 5-2-11　Pre-compose 对话框

图 5-2-12　激活新闻直播间的 3D 图层命令

图 5-2-13　新闻直播间的角标设计

（2）按 Ctrl+Y 组合键，新建一个黑色的纯色层，单击 Make Comp Size 按钮 Make Comp Size ，将其命名为 OF，在 Effects & Presets 面板中展开 Video Copilot 特效组，双

击 Optical Flares 特效，在 Effect Controls 面板中修改 Optical Flares 特效参数，单击 Option
按钮，打开 Optical Flares Options 对话框。

图 5-2-14　改变开始的时间

（3）单击 Clear All 按钮，弹出 Confirm 对话框，单击 YES 按钮，选择 Browser 组中
的 Streak 光线效果，如图 5-2-15 和图 5-2-16 所示，单击 OK 按钮，单击时间轴面板 OF
层右边 Mode 下方的按钮，选择 Add 模式的命令。

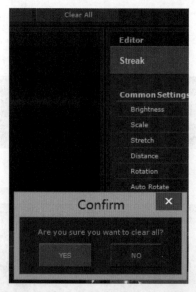

图 5-2-15　清空默认选择的光晕效果

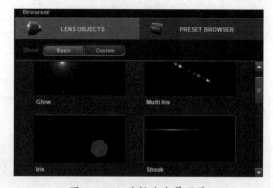

图 5-2-16　选择线光晕效果

（4）在 Effect Controls 面板中修改 Optical Flares 特效参数。单击 Option 按钮，打开
Optical Flares Options 对话框，选择 Browser 组中的 Glow 效果，添加一个白热光源，如图
5-2-17 所示，修改 Stack（堆积）面板中 Glow 的参数，设置"光大小"的数值为 4.0，如
图 5-2-18 所示，单击 OK 按钮。

（5）设置 Position XY 的参数为 (0.0,278.0)，将时间轴移至 0:00:00:00 位置，单击
Position XY 左侧的"码表"按钮，设置关键帧动画，将时间轴移至 0:00:04:00 位置，
设置 Position XY 的参数为 (600.0,278.0)，按 Shift 键，选中 Position XY 的两个关键帧，
执行菜单栏中 Animation → Keyframe Assistant → Easy Ease 命令，改变帧的运动速率，如
图 5-2-19 所示。

（6）按 Alt 键，同时单击 Position XY 左边的"码表"按钮，为 Position XY 添加
一个表达式，输入表达式内容：loopOut('pingpong')，如图 5-2-20 所示，为光源添加一个
来回运动的动画效果，合成效果如图 5-2-21 所示。

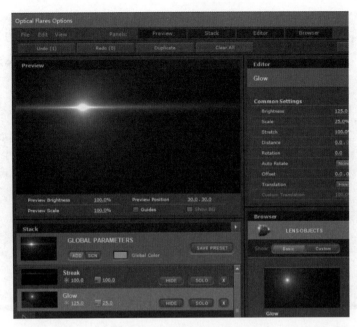

图 5-2-17　添加发光效果

图 5-2-18　修改 Glow 的参数

（7）选中时间轴面板的"地球背景素材"层，按 Ctrl+Y 组合键，可在该图层的上方新建一个纯色层，按 P 键，设置 Position 的数值为 (300.0,320.0)，如图 5-2-22 所示。

图 5-2-19　光晕位置的参数设置

图 5-2-20　添加表达式

图 5-2-21　添加表达式后的效果

图 5-2-22　调整纯色层的位置

（8）在 Effects & Presets 面板中展开 Generate 特效组，双击 Gradient Ramp 特效，在 Effect Controls 面板中修改 Gradient Ramp 特效参数，设置 End of Ramp 的值为 (300.0,134.0)，单击 Start Color 右侧的颜色按钮，设置颜色为 RGB(11,48,117)，单击 End Color 右侧的颜色按钮，设置颜色为 RGB(12,93,144)，如图 5-2-23 所示。过渡渐变的合成效果如图 5-2-24 所示。按 T 键，将纯色层的 Opacity 数值设置为 40%，效果如图 5-2-25 所示。

（9）选中时间轴面板的 Black Solid 2 层，按两次 Ctrl+D 组合键，可在该图层的上方复制创建两个 Black Solid 2 层。先选中最上方的 Black Solid 2 层，按 Enter 键，将该图层重新命名为 matte，按 T 键，将该层的 Opacity 数值设置为 100%；再选中中间的 Black Solid 2 层，按方向键↑，将图层沿着 Y 轴的方向往上位移 1 个单位的数值，按 T 键，将该层的 Opacity 数值设置为 100%，单击该图层右侧 Track Matte 栏下的 None ▼ 按钮，选择 Alpha Inverted Matte 选项，如图 5-2-26 所示。在 Effect Controls 面板中修改 Gradient Ramp 特效参数，将 Ramp Shape 设置为 Radial Ramp（径向渐变）；单击 Start Color 右侧的颜色按钮，设置颜色为 RGB(255,196,80)；单击 End Color 右侧的颜色按钮，设置颜色为 RGB(248,193,0)；在 Effects & Presets 面板中展开 Stylize 特效组，双击 Glow 特效，在 Effect & Controls 面板中修改 Glow（辉光）特效参数，设置 Glow Threshold 的值为 70.0%，设置 Glow Radius 的值为 30.0，设置 Glow Intensity 的值为 1.0。在 Effects & Presets 面板中展开 Color Correction 特效组，双击 Hue/Saturation（色相 / 饱和度）特效，设置 Master Hue（色相）为 (0×+148.0°)，如图 5-2-27 所示。合成效果如图 5-2-28 所示。

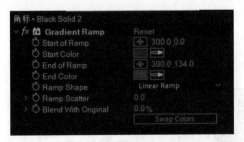

图 5-2-23　过渡渐变的参数设置

图 5-2-24　过渡渐变的合成效果

图 5-2-25　降低纯色层的不透明度

图 5-2-26　复制两个纯色层并修改其参数的属性

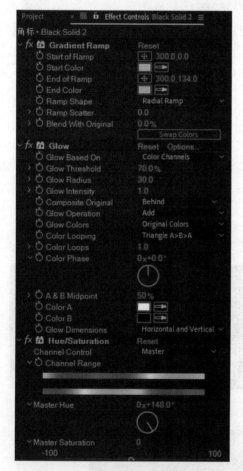

图 5-2-27　纯色层的特效参数设置

图 5-2-28　合成的最终效果

3. 制作角标的动画效果

（1）在 Project 面板中双击合成"角标预览"，选中时间轴面板中的"角标"合成层，将时间轴调至 0:00:01:00 位置，按 S 键，单击 Scale 左侧的"码表"按钮，设置关键帧；将时间轴调至 0:00:00:00 位置，设置 Scale 的值为(0.0,0.0%)，将时间轴调至 0:00:09:00 位置，单击 Scale 左侧的"菱形"按钮　，添加关键帧（关键字数值不变）；将时间轴调至 0:00:09:24 位置，设置 Scale 的值为 (0.0,0.0%)。按 Shift 键，同时选中缩放的 4 个关键帧，执行菜单栏中 Animation → Keyframe Assistant → Easy Ease 命令，改变帧的运动速率，如图 5-2-29 所示。

图 5-2-29　缩放关键帧动画的设置

（2）将时间轴调至 0:00:01:00 位置，按 Shift+T 组合键，显示 Opacity 的数值属性，单击 Opacity 左侧的"码表"按钮 ⏱，设置关键帧；将时间轴移至 0:00:00:00 位置，设置 Opacity 的值为 0%，将时间轴调至 0:00:09:00 位置，单击 Opacity 左侧的"菱形"按钮 ◀◆▶，添加关键帧（关键字数值不变）；将时间轴移至 0:00:09:24 位置，设置 Opacity 的值为 (0.0,0.0%)。按 Shift 键，同时选中缩放的 4 个关键帧，执行菜单栏中 Animation → Keyframe Assistant → Easy Ease 命令，改变帧的运动速率。画面合成的系列效果如图 5-2-30 至图 5-2-33 所示。

图 5-2-30　在 0:00:01:00 帧的画面效果

图 5-2-31　在 0:00:02:00 帧的画面效果

图 5-2-32　在 0:00:08:00 帧的画面效果

图 5-2-33　在 0:00:09:24 帧的画面效果

（3）在 Effects & Presets 面板中展开 Generate 特效组，双击 CC Light Sweep 特效，在 Effect Controls 面板中修改 CC Light Sweep 特效参数，设置 Direction 的值为 (0_x+25.0°)，Width 的值为 100.0，将时间轴调至 0:00:02:00 位置，单击 Center 左侧的"码表"按钮 ⏱，设置关键帧，设置 Center 的值为 (-558.0,-160.0)，光线扫描的参数设置如图 5-2-34 所示；将时间轴调至 0:00:08:00 位置，设置 Center 的值为 (1356,-160.0)，光线扫描的合成效果如图 5-2-35 所示。

图 5-2-34　光线扫描的参数设置　　　　　　图 5-2-35　光线扫描的合成效果

任务5.3 栏目演播室

【任务描述】

　　虚拟演播室是将计算机制作的虚拟三维场景与电视摄像机现场拍摄的人物活动图像进行数字化的合成，使人物与虚拟背景能够同步变化，从而实现两者的融合，最终使得前景中的主持人看起来完全沉浸于计算机所产生的三维虚拟场景中，从而创造出逼真的、立体感很强的电视演播室效果，以获得完美的合成画面。

　　虚拟演播室背景大都由计算机制作，采用虚拟演播室技术可以使画面内容丰富、主题类型多样、背景切换方便、操作方法简单快捷等，所以越来越多的栏目拍摄与制作都采用了虚拟演播室技术。最关键的是，这项技术操作成本相对较低，可以大大节省制作成本、提高制作效率。本项目中的"栏目演播室"任务同样采用虚拟演播室的呈现形式，完成"《新闻直播间》栏目演播室"的制作。

【任务要求】

　　在"《新闻直播间》栏目演播室"的制作中，主要学习 Color Key（色彩键）特效的使用，掌握其内置参数的设置方法，通过属性的调节和关键帧的设置，对画面进行抠像处理，熟练绿屏、蓝屏抠像的操作，提高画面抠像的应用水平，配合其他特效的综合运用完成"《新闻直播间》栏目演播室"制作任务。

【知识链接】

Color Key 特效详解

　　Color Key（色彩键）：通过指定一种颜色去除图像中所有该颜色，常用于蓝屏抠像和绿屏抠像。

　　Key Color（键出颜色）：选择需去除的颜色。

　　Color Tolerance（颜色容差）：设置颜色的容差范围。

　　Edge Thin（边缘减淡）：可以在生成 Alpha 图像后再沿边缘向内或向外溶解若干层像素，用以修补图像的 Alpha 通道。

　　Edge Feather（边缘羽化）：对边缘进行柔化。

【任务实施】

1. 人物的抠像

（1）单击 Project 面板下方的"新建文件夹"按钮，将新建的文件夹命名为 footage，选中该文件夹，执行菜单栏中的 File → Import → File 命令，打开 Import File 对话框，选择配套素材中的"工程文件 / 项目 5/ 任务 3/ footage/ 主持人蓝幕 .mp4"文件，将该视频素材文件导入 Project 面板的 footage 文件夹中。在 Project 面板中，将"主持人蓝幕 .mp4"素材从 Project 面板拖拽到时间轴面板中，此时将会自动新建"主持人蓝幕"的合成项目。

演播室的制作

（2）选择"主持人蓝幕 .mp4"图层，单击该图层左侧声音按钮，将该图层的声音关闭。在 Effects & Presets 面板中展开 Color Correction 特效组，双击 Exposure 特效，在 Effect Controls 面板中修改 Exposure 特效参数，设置 Exposure 的数值为 1.50，提升视频的亮度。参数设置如图 5-3-1 所示，合成效果如图 5-3-2 所示。

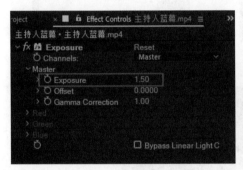

图 5-3-1　添加 Exposure 特效并调整参数　　　图 5-3-2　提高视频亮度

（3）按 Ctrl+Y 组合键，新建绿色的纯色层，将其命名为"参考底色"，将该纯色层颜色设置为 RGB(0,255,0)，如图 5-3-3 所示。将"参考底色"层放置在时间轴面板的底层，选择"参考底色"图层，右击，执行 Guide Layer 命令，如图 5-3-4 所示，将该图层作为参考层。

（4）选择"主持人蓝幕 .mp4"图层，单击工具栏中的 Rectangle Tool 按钮，在 Composition 面板中绘制一个矩形蒙版，分区域对素材进行抠像，可处理原素材颜色分布不均匀的问题，如图 5-3-5 所示。在 Effects & Presets 面板中展开 Obsolete 特效组，双击 Color Key 特效，为该图层添加 Color Key 特效。在 Effect Controls 面板中，通过修改参数设置对合成画面进行抠像处理。单击 Color Key 右侧的"吸管"按钮，在合成面板中单击蓝色幕布区域，如图 5-3-6 所示，将去除吸管吸取的少量蓝色区域，设置 Color Tolerance 的数值为 52，设置 Edge Thin 的数值为 2，设置 Edge Feather 的数值为 4.0，如图 5-3-7 所示。在 Effect Controls 面板中选中 Color Key 特效，按 Ctrl+D 组合键，复制创建 Color Key 2 特效，在 Composition 面板左下角区域继续吸取去除颜色，设置 Color Tolerance 的数值为 18，效果如图 5-3-8 所示。在 Effect Controls 面板中选中 Color Key 2 特效，按 Ctrl+D 组合键，复制创建 Color Key 3 特效，在 Composition 面板右下角区域继续吸取将要被去除的颜色，效果如图 5-3-9 所示。

图 5-3-3　新建纯色层　　　　　　　图 5-3-4　设置参考图层

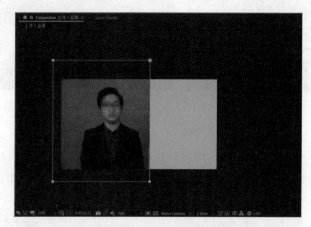

图 5-3-5　绘制矩形蒙版

图 5-3-6　吸管吸取去除的颜色

图 5-3-7　调整 Color Key 的特效参数

图 5-3-8　添加 Color Key 2 特效并修改参数

图 5-3-9　添加 Color Key 3 特效的效果

（5）选择"主持人蓝幕 .mp4"图层，按 Ctrl+D 组合键，复制创建一个素材层，按 Enter 键，将其命名为"主持人蓝幕 2"。选择"主持人蓝幕 2"图层，按 M 键将显示 Mask Path 的属性，选中该属性，按 Ctrl+T 组合键，即可修改 Mask 的大小并可移动 Mask，如图 5-3-10 所示。在合成面板中修改 Mask 的大小和位置，效果如图 5-3-11 所示。

图 5-3-10　修改 Mask 大小与位置

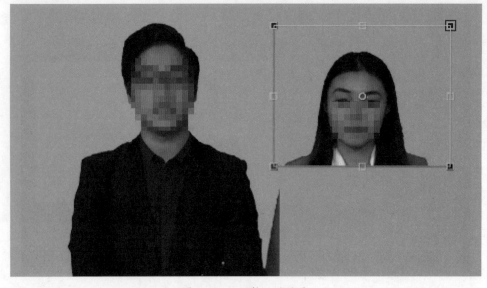

图 5-3-11　调整后的效果

（6）选择"主持人蓝幕 .mp4"图层，按 Ctrl+D 组合键，继续复制创建一个素材层，按 Enter 键，将其命名为"主持人蓝幕 3"。按 M 键将显示 Mask Path 的属性，单击 Mask 1 右侧 Add 按钮，在弹出的下拉菜单中选择 Subtract 命令，可显示图层蒙版以外的区域，如图 5-3-12 所示。在 Effect Controls 面板中选中 Color Key 3 特效，按 Ctrl+D 组合键，复制创建 Color Key 4 特效，在 Composition 面板右下角区域继续吸取将要被去除的颜色，效果如图 5-3-13 所示。

图 5-3-12　显示图层蒙版以外的区域

2. 演播室的合成

（1）按 Ctrl+N 组合键，打开"合成设置"对话框，在此对话框中设置 Composition Name 为"演播室演示"，Preset 选择 HDTV 1080 25，合成设置自动默认 Width 为 1920 px，Height 为 1080 px，Frame Rate 为 25，并设置 Duration 为 0:00:15:00，单击 OK 按钮。

（2）在 Project 面板中选择 footage 文件夹，执行菜单栏中的 File → Import → File 命令，打开 Import File 对话框，选择配套素材中的"工程文件 / 项目 5/ 任务 3/footage"下的演播室背景 .mp4 文件、演播室道具 .png 文件和新闻直播间 3D 字体 .mp4 文件，将 3 个素材文件导入 Project 面板的 footage 文件夹中，按 Ctrl 键，同时选中"演播室背景 .mp4""演播室道具 .png""新闻直播间 3D 字体 .mp4"和"主持人蓝幕"，将素材与合成从 Project 面板拖拽至时间轴面板中并调整 4 个图层的位置，如图 5-3-14 所示。

图 5-3-13　去除图层剩余的蓝色区域

图 5-3-14　调整图层顺序

（3）在时间轴面板中选择"新闻直播间 3D 字体 .mp4"合成层，在 Effects & Presets 面板中展开 Obsolete 特效组，双击 Color Key 特效，为该图层添加 Color Key 特效。在 Effect Controls 面板中，通过修改参数设置对合成画面进行抠像处理。单击 Color Key 右侧的"吸管"按钮 ，在合成面板中单击黑色背景区域，将去除吸管吸取的黑色区域，如图 5-3-15 所示，保留新闻直播间的 3D 字体样式。

图 5-3-15　去除黑色背景

（4）在时间轴面板中选择"主持人蓝幕"合成层，按 S 键，设置 Scale 的数值为 (40.0,40.0%)，再按 Shift+P 组合键，显示 Position 属性，设置 Position 的数值为 (930.0,540.0)。合成效果如图 5-3-16 所示。

图 5-3-16　合成效果

 栏目片尾

【任务描述】

栏目片尾主要包括栏目的制作人员、出品人等信息，同时宣告栏目版权。栏目片尾内容看似简单，但却是电视栏目包装打造栏目品牌、树立品牌形象的重要收尾环节。以本项目为例，片尾的设计也要与栏目包装设计相匹配，不能做太过华丽、元素复杂的设计和特效展示效果，整体要保持相对简洁的设计风格。

【任务要求】

在"《新闻直播间》栏目片尾"的制作中，主要学习 CC Light Sweep、Glow、Colorama（彩色光）、Tint 特效的变化特征，掌握它们内置参数的设置方法，熟练掌握动态颜色视频框的制作技能，通过属性的调节和关键帧的设置，配合其他特效进行综合调整，最终制作完成"《新闻直播间》栏目片尾"。

【知识链接】

1. Colorama 特效详解

Colorama 特效可以将选定的区域转换为多彩颜色，并且还可以将其转换为动画。通常用来制作彩光、彩虹、霓虹灯等色彩发生变化的特效。

Input Phase：选择色彩的相位。

Get Phase From：选择产生彩色部分的通道。

Add Phase：选择素材层与原始图像合成的新色彩。

Add Phase From：选择需要添加色彩的通道类型。如果该参数的取值是 None，则不会产生任何效果。

Add Mode：设置色彩的添加模式。

Output Cycle：设置色彩输出的风格化类型。

Cycle Repetitions：设置颜色的循环次数，数值越大，则循环次数越多，画面上的杂点也就越多。

Interpolate Palette：如果启用该属性的选框选项，则特效以 256 色来选取色彩范围。

Modify：针对不同的通道来调整色彩。

Pixel Selection：用于调整合成色彩部分中的某个色彩对当前画面的影响程度。

Masking：选择一个遮罩层。

Masking Mode：选择遮罩模式，设置色彩的影响范围。

Blend With Original：设置效果图与原图的融合程度。

2．Tint 特效详解

Tint 特效用来调整图像的颜色信息，在最亮像素和最暗像素之间确定配合度，最终产生一种混合效果。

Map Black to：将黑色映射到某种颜色。

Map White to：将白色映射到某种颜色。

【任务实施】

1．制作视频的边框效果

（1）按 Ctrl+N 组合键打开"合成设置"对话框，在该对话框中设置 Composition Name 为 video，Preset 选择 HDTV 1080 25，合成设置自动默认 Width 为 1920 px，Height 为 1080 px，Frame Rate 为 25，并设置 Duration 为 0:00:15:00，单击 OK 按钮。

（2）单击 Project 面板下方的"新建文件夹"按钮，将新建的文件夹命名为 footage。选中该文件夹，执行菜单栏中的 File → Import → File 命令，打开 Import File 对话框，选择配套素材中的"工程文件 / 项目 5/ 任务 4/footage/ 城市 .mp4"文件，将该视频素材文件导入 Project 面板的 footage 文件夹中，再将"城市 .mp4"素材从 Project 面板拖拽到时间轴面板中。

（3）执行菜单栏中的 Layer → New → Shape Layer 命令，如图 5-4-1 所示，在时间轴上创建一个 Shape Layer 1 形状图层。选择 Shape Layer 1 形状图层，单击形状图层左侧的▶选项，展开图层属性设置，单击 Contents 属性中 Add 右侧的▶按钮，在弹出的界面中选择 Rectangle 命令，展开 Rectangle Path 1 的属性；单击 Size 属性右侧的"等比缩放"按钮◎◎，解锁等比缩放命令，将 Size 设置为 (1900.0,1060.0)，设置 Roundness 的数值为 100.0，如图 5-4-2 所示；单击 Contents 属性中 Add 右侧的 ▶ 按钮，在弹出的界面中选择 Fill 命令，为矩形添加默认颜色，作为制作"视频"图层的蒙版区域；单击 Contents 属性中 Add 右侧的 ▶ 按钮，在弹出的界面中选择 Stroke 命令，展开 Stroke 1 属性，设置 Stroke Width 的数值为 20.0，如图 5-4-3 所示。

图 5-4-1　新建形状图层

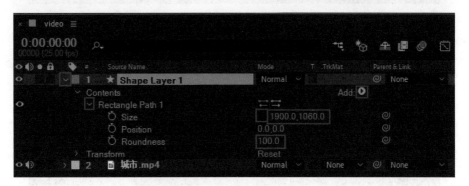

图 5-4-2　添加矩形路径并修改矩形路径的参数

（4）在时间轴面板中选择 Shape Layer 1 形状图层，按 Ctrl+D 组合键，复制创建一个形状图层，按 Enter 键，将其重命名为"边框"，展开该层的属性，再继续展开 Contents 属性，选择 Fill 1 属性，如图 5-4-4 所示，按 Delete 键，删除 Fill 1 属性。选择"城市 .mp4"图层，打开 Track Matte 栏下拉菜单，选择 Alpha Matte "Shape Layer 1"，如图 5-4-5 所示。

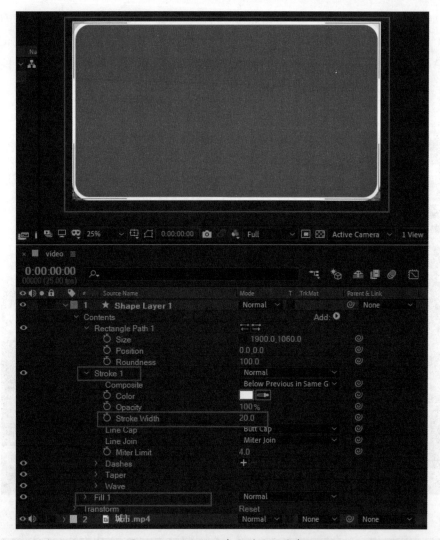

图 5-4-3　添加描边命令并修改其参数

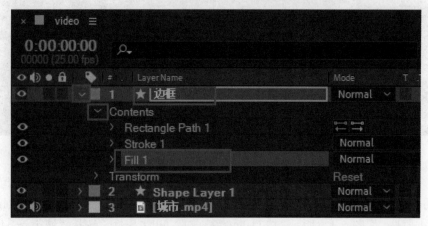

图 5-4-4　选择复制图层的 Fill 属性

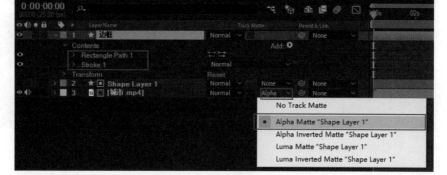

图 5-4-5 给"城市 .mp4"图层添加蒙版

（5）选择"边框"形状图层，在 Effects & Presets 面板中展开 Generate 特效组，双击 Gradient Ramp 特效，为该图层添加 Gradient Ramp 特效。在 Effects & Presets 面板中展开 Color Correction 特效组，双击 Colorama 特效，在 Effect Controls 面板中修改 Colorama 特效参数，展开 Output Cycle 属性，单击 Use Preset Palette 右侧菜单，选择 Golden 1，如图 5-4-6 所示。在 Effect Controls 面板中修改 Gradient Ramp 特效参数，设置 Start of Ramp 的值为 (-76.0,-504.0)，设置 End of Ramp 的值为 (2056.0,1508.0)，如图 5-4-7 所示。在 Effects & Presets 面板中展开 Color Correction 特效组，双击 Tint 特效，在 Effect Controls 面板中添加 Tint 特效，合成效果如图 5-4-8 所示。

2．制作新闻片尾的动画合成

（1）按 Ctrl+N 组合键打开"合成设置"对话框，在此对话框中设置 Composition Name 为"片尾"，Preset 选择 HDTV 1080 25，合成设置自动默认 Width 为 1920 px，Height 为 1080 px，Frame Rate 为 25，并设置 Duration 为 0:00:15:00，单击 OK 按钮。

（2）在 Project 面板中选择 footage 文件夹，执行菜单栏中的 File → Import → File 命令，打开 Import File 对话框，选择配套素材中的"工程文件 / 项目 5/ 任务 4/footage/ 地球背景 .mp4"文件，将该视频素材文件导入 Project 面板的 footage 文件夹中，再将"地球背景 .mp4"素材从 Project 面板拖拽到时间轴面板中，将 video 合成从 Project 面板中拖拽到时间轴面板的顶层。

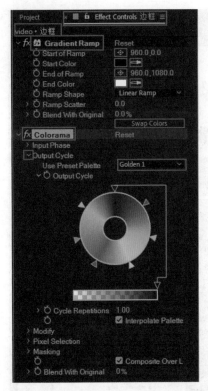

图 5-4-6　添加 Gradient Ramp 特效和 Colorama 特效　　图 5-4-7　设置 Gradient Ramp 特效参数

图 5-4-8　合成面板的效果

（3）在时间轴面板中选择 video 合成层，打开该图层的三维立体模式，如图 5-4-9 所示，将时间轴移至 0:00:00:00 位置，按 S 键，设置 Scale 的数值为 (110.0,110.0,110.0)，如图 5-4-10 所示。按 R 键，显示 Orientation 属性，再按 Shift+P 组合键，同时显示 Position

属性，单击 Position 属性和 Orientation 属性左侧的"码表"按钮⏱，分别在 Position 属性和 Orientation 属性上设置一个起始关键帧，如图 5-4-11 所示。将时间轴移至 0:00:02:00 位置，设置 Position 的数值为 (367.0, 434.0, 2818.0)，设置 Orientation 的数值为 (0.0°, 326.0°,0.0°)，此时将自动形成位置和旋转的关键帧动画，如图 5-4-12 所示。按 Shift 键，同时单击 Position 属性和 Orientation 属性，即可选中 Position 属性和 Orientation 属性的所有关键帧，按 F9 键，执行 Easy Ease 命令，如图 5-4-13 所示。

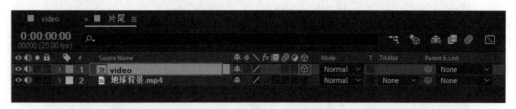

图 5-4-9　打开图层的三维立体模式

图 5-4-10　设置 Scale 参数

图 5-4-11　设置起始关键帧

图 5-4-12　创建动画效果

（4）在时间轴面板中选择 video 合成层，在 Effects & Presets 面板中展开 Video Copilot 特效组，双击 VC Reflect 特效，在 Effect Controls 面板中修改 VC Reflect 特效参数，设置 Floor Position 的数值为 (960.0,1100.0)，设置 Opacity 的数值为 40.0%，如图 5-4-14 所示。为 video 合成层添加倒影的合成效果如图 5-4-15 所示。

图 5-4-13 设置缓动关键帧动画

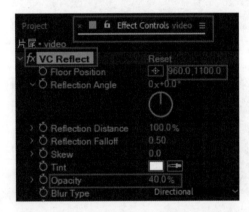

图 5-4-14 添加 VC Reflect 特效并设置参数

图 5-4-15 合成面板添加倒影的效果

（5）按 Ctrl+Y 组合键，新建黑色纯色层，将其命名为 txt_bg。在时间轴面板上选中 txt_bg 文字图层，单击工具栏中的 Rectangle Tool 按钮，在 Composition 面板中绘制一个矩形蒙版，如图 5-4-16 所示。在 Effects & Presets 面板中展开 Generate 特效组，双击 Gradient Ramp 特效，在 Effect Controls 面板中修改 Gradient Ramp 特效参数，单击 Start Color 右侧的颜色选项，设置颜色为 RGB(20,175,255)，单击 End Color 右侧的颜色选项，设置颜色为 RGB(0,58,191)，设置 Start of Ramp 的值为 (1216.0,-56.0)，设置 End of Ramp 的值为 (1596.0,1244.0)，如图 5-4-17 所示。

（6）单击工具栏中的"文字"按钮，在 Composition 窗口中框选区域范围，新建区域文字，如图 5-4-18 所示。打开"文本"文件，"文本"文件存储路径为"工程文件 / 项目 5/ 任务 4/ 素材 / 文本 .txt"，按 Ctrl+A 组合键选中文本所有文字，按 Ctrl+C 组合键复制所有文字，如图 5-4-19 所示，切换至 Composition 窗口，按 Ctrl+V 组合键，粘贴所有文字内容，如图 5-4-20 所示。再按 Ctrl+A 组合键，可选中 Composition 窗口中粘贴的所有文字，在 Character 面板中，设置文字字体为思源黑体 CN，字体风格选择 Heavy，设置字体大小为 50 px，设置字体颜色为白色，设置行间距为 86 px，需注意文字的排版，效果如图 5-4-21 所示，按 Enter 键，将其重命名为"文本"。选择"文本"图层，在 Effects & Presets 面板中展开 Perspective 特效组，双击 Drop Shadow 特效，在 Effect Controls 面板中修改 Drop Shadow 特效参数，设置 Distance 的数值为 8.0，设置 Softness 的数值为 8.0，如图 5-4-22 所示。

图 5-4-16　绘制矩形蒙版

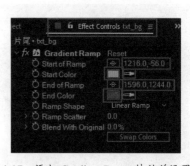

图 5-4-17　添加 Gradient Ramp 特效并设置参数

图 5-4-18　新建区域文字

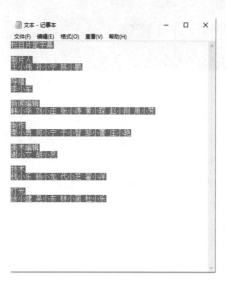

图 5-4-19　复制文本文字

图 5-4-20　粘贴文本文字

图 5-4-21　设置字体的参数及设置后的效果

图 5-4-22　添加 Drop Shadow 特效并设置参数

（7）在时间轴面板中按 Ctrl 键，同时选择"文本"图层和 txt_bg 图层，在 Align 面板中单击 Align Horizontally 按钮，将"文本"图层和 txt_bg 图层居中水平对齐，效果如图5-4-23 所示。

（8）在时间轴面板中选择"文本"图层，将时间轴移至 0:00:02:00 位置，在 Composition 窗口中移动文本文字时同时按 Shift 键，将文本文字垂直移至 Composition 窗口下方，效果如图 5-4-24 所示，按 P 键，显示该层的 Position 属性，单击 Position 属性左侧"码表"按钮，设置一个关键帧；将时间轴移至 0:00:14:24 位置，在 Composition 窗口中将文本文字垂直移至 Composition 窗口上方，效果如图 5-4-25 所示，此处将自动生成一个自下而上的关键帧动画。

图 5-4-23　设置文字层居中水平对齐

图 5-4-24　垂直移动文本至 Composition 窗口下方

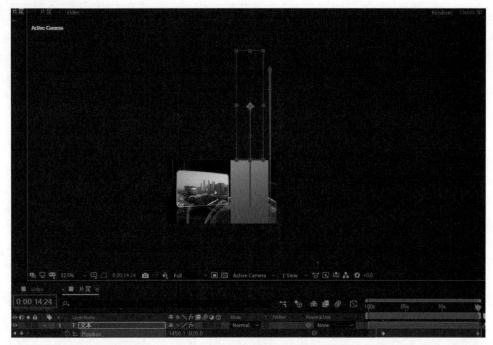

图 5-4-25　垂直移动文本至 Composition 窗口上方

（9）在时间轴面板上选择 txt_bg 图层，按 T 键，设置 Opacity 的数值为 60%，按两次 Ctrl+D 组合键，复制创建两个 txt_bg 图层，选中两个新建的 txt_bg 层，按 Enter 键，分别将其重命名为 txt_bg_border 和 txt_bg_border_matte，如图 5-4-26 所示。选择 txt_bg_border 图层，将该图层的 Normal 模式改为 Add 模式，按 T 键，设置 Opacity 的数值为 80%。选择 txt_bg_border_matte 图层，按 T 键，设置 Opacity 的数值为 100%，如图 5-4-27 所示，按两次 M 键，展开该图层的 Mask 属性，设置 Mask Expansion 数值为 -4.0，如图 5-4-28 所示。选择 txt_bg_border 图层，打开 Track Matte 栏下拉菜单，选择 Alpha Inverted Matte 选项，如图 5-4-29 所示，将蓝色背景叠加出边框的效果，合成效果如图 5-4-30 所示。

图 5-4-26　复制创建图层并将图层重命名

图 5-4-27　设置 Opacity 参数并添加图层叠加模式

（10）在时间轴面板上按 Shift 键，同时选择 txt_bg 图层、txt_bg_border 图层和 txt_bg_border_matte 图层，按 Ctrl+Shift+C 组合键，弹出 Pre-compose 对话框，将新合成命名为 txt_bg_comp，选择 Move all attributes into the new composition 选项，如图 5-4-31 所示，可将被选中的 3 个图层移至新的 txt_bg_comp 合成中。在时间轴面板中将 video 图层调至 txt_bg_comp 图层的上方，如图 5-4-32 所示。将时间轴移至 0:00:01:05 位置，选择 txt_bg_comp 合成层，按 T 键，设置 Opacity 的数值为 0%，单击 Opacity 属性左侧"码表"按

钮⊙，设置一个关键帧，如图 5-4-33 所示；将时间轴移至 0:00:02:08 位置，设置 Opacity
的数值为 100%，此时将自动形成关键帧动画，如图 5-4-34 所示。

图 5-4-28 设置 Mask Expansion 参数

图 5-4-29 选择 Alpha Inverted Matte 轨道蒙版

图 5-4-30 合成效果

（11）打开"直播间文本"文件，"直播间文本"文件存储路径为"工程文件 / 项目 5/
任务 4/ 素材 / 直播间文本 .txt"，按 Ctrl+A 组合键选中文本所有文字，按 Ctrl+C 组合键复
制所有文字，如图 5-4-35 所示。将时间轴移至 0:00:13:00 位置，在 Composition 窗口中按
Ctrl+T 组合键，创建新的文字层，先单击 Composition 窗口放置文字的位置，如图 5-4-36
所示，再按 Ctrl+V 组合键，粘贴所有文字内容，如图 5-4-37 所示。在 Character 面板中设
置文字字体为思源黑体 CN，先选取"新闻直播间"字体，如图 5-4-38 所示，在 Character
面板中设置字体大小为 80 px，再选取"新闻热线：12345678"文字，如图 5-4-39 所示，
在 Character 面板中，设置字体大小为 50 px，该层的字体风格选择 Bold，颜色设置为白色，
如图 5-4-40 所示。按 Enter 键，将图层重名为"新闻直播间"，如图 5-4-41 所示。

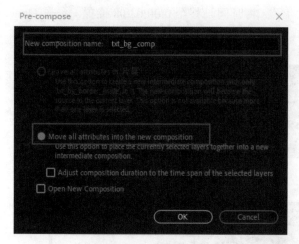

图 5-4-31　创建预合成

图 5-4-32　调整图层顺序

图 5-4-33　设置关键帧

图 5-4-34　创建透明关键帧动画

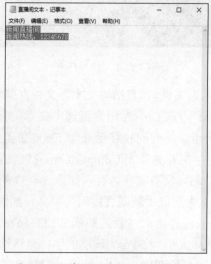

图 5-4-35　复制"直播间文本"文字

图 5-4-36　在 Compositon 窗口中选择输入"直播间文本"的位置

图 5-4-37　粘贴"直播间文本"文字

图 5-4-38　选取新闻直播间文字内容

图 5-4-39　选取新闻热线等文字

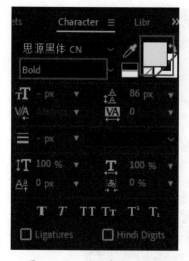

图 5-4-40　设置字体的属性　　　　　图 5-4-41　图层重命名

（12）在时间轴面板上选择"新闻直播间"层，在 Effects & Presets 面板中展开 Generate 特效组，双击 Gradient Ramp 特效，在 Effect Controls 面板中修改 Gradient Ramp 特效参数，设置 Start of Ramp 的值为 (1366.0,300.0)，设置 End of Ramp 的值为 (1464.0,770.0)，如图 5-4-42 所示。在 Effects & Presets 面板中展开 Perspective 特效组，双击 Bevel Alpha 特效，在 Effect Controls 面板中修改 Bevel Alpha 特效参数，设置 Edge Thickness 的值为 1.00，设置 Light Intensity 的值为 0.80，如图 5-4-43 所示。在 Effects & Presets 面板中展开 Color Correction 特效组，双击 Colorama 特效，在 Effect Controls 面板中修改 Colorama 特效参数，展开 Output Cycle 属性，单击 Use Preset Palette 右侧下拉按钮，在弹出的列表中选择 Golden 1，如图 5-4-44 所示。在 Effects & Presets 面板中展开 Color Correction 特效组，双击 Curves 特效，在 Effect Controls 面板中调整 Curves 特效。在 Channel 为 RGB 模式时，调整曲线的形态如图 5-4-45 所示。在 Effects & Presets 面板中展开 Perspective 特效组，双击 Drop Shadow 特效，在 Effect Controls 面板中修改 Drop Shadow 特效参数，设置 Distance 的数值为 8.0，设置 Softness 的数值为 8.0，如图 5-4-46 所示，合成效果如图 5-4-47 所示。

图 5-4-42　添加 Gradient Ramp 特效并修改参数　　图 5-4-43　添加 Bevel Alpha 特效并修改参数

图 5-4-44 添加 Colorama 特效并修改参数

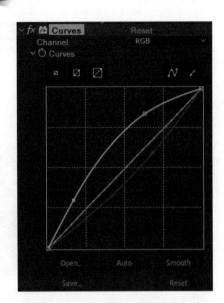

图 5-4-45 添加 Curves 特效并修改参数

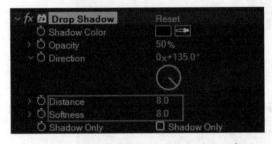

图 5-4-46 添加 Drop Shadow 特效并修改参数

图 5-4-47 合成效果

（13）在时间轴面板中选择"新闻直播间"图层，按 Ctrl+Shift+C 组合键，弹出 Pre-compose 对话框，将新合成命名为"新闻直播间"，选择 Move all attributes into the new composition 选项，可将被选中的"新闻直播间"文字层移至新的"新闻直播间"合成中。在时间轴面板中选择"新闻直播间"合成层，打开 Parent & Link 栏下拉菜单，在下拉菜单中选择"2.文本"，如图 5-4-48 所示，为两者创建父子关系，使得"新闻直播间"合成层可以匹配"文本"文字层的动画效果，合成效果如图 5-4-49 至图 5-4-51 所示。

图 5-4-48 绑定父子关系

图 5-4-49　在 0:00:01:00 位置的画面合成效果

图 5-4-50　在 0:00:10:00 位置的画面合成效果

图 5-4-51　在 0:00:14:00 位置的画面合成效果

 **项目拓展**

请同学们制作一期关于校园主题活动的《校园在线新闻》栏目。结合《校园在线新闻》的栏目名称,以"节约粮食,绿色餐饮"为主题内容,制作 4 个任务的项目拓展,分别是《校园在线新闻》栏目字幕条、《校园在线新闻》栏目角标、《校园在线新闻》栏目演播室和《校园在线新闻》栏目片尾。

重要提示 :

(1)认真观看《新闻直播间》栏目,并分析其字幕条的效果设计,结合本次项目所学知识,将特效技术进行分解,设计与制作《校园在线新闻》栏目的字幕条颜色及其动画的运动方式。

(2)可将本校的环境风貌作为背景画面,制作《校园在线新闻》的栏目片尾。

(3)《校园在线新闻》栏目的制作风格与形式需统一,这样才可呈现一档新闻栏目。

 **思考与练习**

1. **选择题**

(1)AE 对图像的某个色域局部进行调节,应该使用(　　)调色方式。

    A．Hue/Saturation   B．Levels

    C．Curves   D．Bright & Contrast

(2)AE 对于背景颜色不均匀的图像,下列特效方式中(　　)效果较好。

    A．Difference Matte   B．Advanced Spill Suppressor

    C．Linear Color Key   D．Color Key

2. **判断题**

(1)AE 中,目标甲可以同时为目标乙的父对象和子对象。　　　　　　(　　)

(2)AE 中,让文字跟随指定的路径可以使用 Path Text。　　　　　　(　　)

(3)AE 中,CC Light Sweep 特效可以制作字体扫光的效果。　　　　(　　)

3. **实训题**

(1)制作以"红色"为主色的字幕条效果。

(2)制作《每日新闻》角标的动态效果。

(3)制作《每日新闻》的扫光效果。